《味道里的龙游》编委会

主　　任：洪一舟

副主任：陈　政

委　　员：郑绍坪　胡炜鹏　郭建军　杨响艳　封光耀

主　　编：陈　政

编　　委：郑绍坪　杨响艳

封面绘图：莫晓卫

封面题字：张良生

封底篆刻：陈星名

味道里的龙游

龙游县政协教科卫体和文化文史学习委员会 编

浙江文艺出版社
Zhejiang Literature & Art Publishing House

序　言

　　龙游历史悠久，春秋时期"姑蔑"古国建都于此，秦王嬴政二十五年（公元前222年）置太末县，唐贞观八年（634年）改名龙丘，五代吴越宝正六年（931年）改称龙游，至今已有两千二百多年的建县历史，是浙江省历史上最早建县的十三个县之一。龙游英才辈出，素有"儒风甲于一郡"之誉，龙游商帮曾是明清时期全国十大商帮之一，亦是唯一以县域命名的商帮，一度享有"无远弗届""遍地龙游"之美誉。

　　勤劳智慧的龙游人民在漫长的岁月中把丰富而独特的生活智慧通过美食传承绽放异彩，龙游美食品种众多、口味独特、选材精良、工艺讲究，声名在外。2011年4月，在龙游发现的荷花山新石器时代遗址，将境内的人类活动历史提早到一万年前，遗址中发现了全世界迄今最早的稻作遗存，证明龙游是稻作农业文明的重要发源地之一。稻米的盛产，激发了人们对于美食的想象力，龙游的美食，自然与稻作文明高度发达的历史背景有着密不可分的关系；衢江、灵山江如游龙夭矫，汇聚成瀫水，直抵钱塘，徽商、闽商、赣商及宁波商帮等四海八方的商贾沿着水路来来往往，各地的美食文化在此交汇，融合生成了龙游特有的味道。

龙游县政协组织出版《味道里的龙游》，以龙游美食为切入点，在几百种美食中，经过乡镇部门推荐、网络投票，海选出龙游人最爱的美食排行榜，精选最能体现龙游特色、凸显区域文化的美食品种，从历史文化、传承演变、人文故事、乡愁记忆等方面入手，通过对龙游美食的史料挖掘考证，解读龙游千年文化，分享味觉记忆直抵内心冲击的感受，讲述一个个有味道的龙游故事。为打造龙游美食金名片、推进龙游全域旅游、全面建设"活力绽放、精彩纷呈"的浙西新明珠，发挥政协文史资料"存史、资政、团结、育人"的作用，并为之提供图文并茂的文史依据。

　　龙游是一座慢悠悠的小城，许多小吃保留了手工制作的传统工艺。一些街头巷尾的铺子，一辈子专心做一种食物，数十年味道不变，炊烟袅袅中散发着人间烟火气。美食是散落在民间的珠宝，龙游人兜兜转转，东游西游不如龙游，最终还是最爱家乡的美食。

　　在这里，浙西大竹海孕育了无比鲜美的笋。春天，龙游人会挑选肥大肉白还未出土的毛笋"黄泥板"，或煮成笋块，直接品尝大自然的原味；或加入冬腌菜，激发出笋的鲜味，那种可以鲜掉下巴的味道令人食欲大增；或制成笋豆，当作休闲食品，无论酌小酒、配小粥、当零食都令人回味无穷；或晒成笋干，一年四季随时都可以享用清香的嫩笋。至于冬笋，那是冬天各种大鱼大肉中最能开胃解油腻的清流了，传统的炒三鲜已是家常便饭，冬笋加入荸荠、豆芽、红萝卜、千张、开洋豆腐干等作料，一碗吉祥如意的八宝菜是正月里餐桌上经久不衰的保留美食品种。当然了，每逢清明节、小年夜、春节这些传统节日，仪式感超强的龙游人会选取当地特有的"两头乌"猪肉，和着鲜美的笋做成碧绿的清明粿、咸鲜的北乡汤团、最有料的葱花馒头。

在这里，山清水秀，每年农历十月初十，龙游人会用甘甜清冽无污染的山泉水，加上祖传研制的酒曲酿造米酒，"庙下好水，酿成春夏秋冬酒；庙下好酒，醉倒东西南北人"。象牙白的清冽倒在青瓷碗里，泛着诱人的光泽，尝一口，甘甜醇厚。想当年，乾隆下江南时，在农家品尝到豆腐和米酒后，曾御笔亲题"灵山豆腐庙下酒"。

在这里，粉墙黛瓦，田田荷叶随风起，十里荷花别样红，优越的地理环境和适宜的气候条件造就了享有"千亩荷飘香，富硒养生地"之美誉的富硒莲子，已有千年种植历史的志棠白莲洁白滚圆、清香扑鼻，是食品中的珍品。以莲为原料，莲子羹、莲子酒、莲心茶、糖醋鲜藕、莲子炖鸡、荷叶煎蛋、苔菜荷花酥……一桌变幻无穷的莲子宴，分明是一曲灵动的乡间乐曲，演绎了新时代的"爱莲说"。

龙游人爱吃也会吃，可以自豪地吃一个月不重样的早餐，发糕、糍糕、千层糕，糕糕在上；鸡蛋面、手拍面、番薯面，面面俱到；饭粿、清明粿、豇豆馃、烂塌馃、油煎馃，硕果累累；黄金粽、甜粽、肉粽、芋粽，粽粽齐全；米糊、馄饨、肉圆、麻糍、猪肠、葱饼、酥饼、米粉干、葱花馒头、老面包子、豆腐丸子、北乡汤团，应有尽有。龙游人每天被幸福的烦恼困扰着：总要在众多选项中纠结，一大早就需要在吃早餐这件事上犯选择困难综合征，这是多么甜蜜美满的烦恼。

有网友惊呼：到龙游游玩，要带六个胃来！也有人说，要在这里住上一阵子，像龙游人一样逛市井、品新茗、赏民俗，吃遍四季美食，才能品出龙游的味道。

这里有令美国尼克松总统大为赞赏的龙游小辣椒，有"虽煮不黄，味最清美，他处所无，移植他县必渐变其种"的当地特有落汤青。无论是酣畅淋漓的三头一掌，还是丝丝入味的豆豉，抑或是鲜香嫩滑的豆腐丸子……每一种美食无不伴有浓浓的乡愁、美好的回忆。冬日的午后，那一声悠悠长长的极具穿透力的"卖——猪——肠"，那一碗薄如蝉翼的限量版湖镇老街清朝馄饨，让人似乎穿越了时空，定格在幸福的瞬间。

一笑游龙县，为龙向北游。龙游，龙游过的地方，一座低调而极具魅力的小城，一个值得为了舌尖上的味蕾说走就走的地方。

龙游县政协教科卫体和文化文史学习委员会

2019 年 9 月 15 日

目录

美食记忆

美食传说

制作工艺

美食记忆

味 道 里 的 老 北 京

炊糕祈福过大年

祝左军

过年，是中华民族最隆重的传统节日。龙游人的过年，因为要炊"发糕"而别具特色。家家碾米粉，户户炊发糕，人人祈求来年"福高"，成为龙游过年的特有内涵，也成为了最富有龙游味的过年风情画。只要了解龙游的人都知道龙游发糕，只要认识龙游的人也一定尝过龙游发糕；龙游人则忘不了发糕醇厚香甜的味道，在每一个龙游游子的心中，发糕更是那魂牵梦萦的浓浓的乡愁，以及一年又一年过年的记忆。

龙游人的过年是从准备炊发糕开始的。腊月伊始，过年的喜庆氛围就已经弥漫开来，每个人脸上都洋溢着甜甜的笑容。家家户户忙着开始浸米，将粳米和糯米按比例放在水中浸泡。十天半个月后捞出，用水淋洗干净，再拿去碾磨成粉。这时候最忙碌、最热闹的地方便是水碓，等着碾磨米粉的左邻右舍排成了一条长龙。讲究的人家用"拖浆磨"，大多数人家则图快，用石春舂粉。磨好了米粉，就该一气呵成地炊发糕了：垫笼、拌粉、灌笼、拖酵、汽蒸……这些工序既是体力活，更是技术活。更何况炊发糕还有祈福的寓意在里面，要是糕炊得不好、发得不理想，那就不吉利，破了来年的彩头了。所以炊糕是谁家也不敢马虎，家家户户特别重视的。

开始前，主妇先要洗净手，点上香，拜过天地、米神、灶爷，把丰收的喜悦和幸福，以及对来年生活的美好愿望一起融进发糕，顺顺利利，有福又高。炊发糕的每一道制作工艺都非常讲究，技术含量高。比如决定口

美
食
记
忆

感的粳米和糯米的比例，虽有成规，但还应依据粳米与糯米的品质而作适当变化。拌粉的湿度更有讲究，粉拌得过湿，不容易"发"，会成为"实瘪糕"；而湿度不够，则糕的柔软口感不好。炊发糕，还要考虑放入的酒酵的品质，以及糖和切成细粒生猪油量的多少，这中间的技艺，完全凭经验、凭手感来掌握。将拌好的米粉放入蒸笼，放在大锅上就可以开始拖酵了。拖酵，是炊发糕的关键工序，是细活、慢活。先用文火慢慢地将拌好的米粉加温发酵，其间每隔几分钟调换蒸笼的上下顺序，使各层蒸笼受热均匀，确保恒温。过热，糕就会"塌底"，糕的气孔就不够细密均匀；温度不够，则难以发酵。拖酵约需半天时间，待蒸笼里的米粉发胀至与笼口平齐，要是糕面平整光滑，主妇就会放心，脸上便会露出得意的微笑：大功即将告成。然后，点上一炷香，用猛火旺烧，等到一炷香燃尽，蒸笼盖上的蒸汽往上直冲了，这时糕蒸熟了；再趁热在糕面上点上红色，色、香、味、形俱全的发糕就炊成了。这时候，家家户户蒸汽水雾氤氲，发糕特有的香气四溢，整个村庄便被笼罩在了浓浓的年味里。

在龙游的南乡，炊发糕的同时，必定要炊另一种糕点——"糍糕"，

那又是另一套工艺。先在用箬叶垫好的蒸笼里，铺上一层纯糯米的湿粉，蒸至表面结皮；再放上一层用赤豆沙加糖、猪油、桂花等调制的馅；然后，又铺上一层糯米湿粉；最后，用猛火蒸透，趁热撒上红绿丝，糍糯、香甜的糍糕就做成了。这又是龙游的一大特色美食。

龙游人的过年，说不完的丰盛，道不完的喜庆与热闹，而弥漫在时空里的，总是那发糕特有的香甜味。家家户户招待亲朋好友、南来北往的客人，首道点心一定是发糕，因为它不仅美味，更寄寓着"年年发、步步高"的美好祝福。这习俗在数百年的发展过程中，渐渐固化成了龙游特有的过年文化。当然，除过年外，发糕也是龙游人逢年过节、婚丧嫁娶和祭神祭祖等场合的必备食品，是民间任何酒席的首道点心。

数百年来，龙游发糕犹如藏在深闺的大姑娘，只在龙游本地及周边的一些村庄流传，口口相授，家庭制作，用于自食或馈赠。直到1959年，龙游食品厂开始工厂化地加工，龙游发糕才走出龙游，被更多的人所认识与接受。2007年，为保护原产地产品品牌，国家质检总局发布公告，将龙游发糕列入地理标志产品保护范围。2010年，龙游发糕被列为浙江省第三批非物质文化遗产目录。

而今，随着真空包装技术的应用，龙游发糕进入了超市；更由于淘宝网店的兴起，龙游发糕更是大踏步地开始走向全国。龙游发糕飘香在越来越多家庭的餐桌上，把"有福又高"的祝福送给更多的人；越来越多的人因品尝到风味独特的龙游发糕，而知道、认识并记住了龙游。

炊发糕，最具龙游味的过年风情画；发糕，龙游的一张金名片。

在你的圆满里松软

田志宏

松软香甜的发糕，
把游子漂泊的心房填得圆满，
在落寞的远行里，
转身，
深情地向故乡的方向请安……

稻米粉，和进甘甜的清泉和酵母，揉进双亲的爱意和温情，盛在翠竹编制的炊笼里，发酵，蒸腾，成为"乡关"和"老家"的象征和媒介——那山清水秀、稻香飘浮的乡关；那粉墙黛瓦、枕河而居的老宅；那勤劳忙碌、慈爱温柔的双亲，都在炊烟中模糊了又清晰……

每逢佳节，那些饶有趣味的故事，在父亲的讲述中，都掺和着家乡的美味：打年糕是为了纪念伍子胥的忧国忧民，做清明粿是为了纪念介子推的气节，吃锅巴又和"长毛"（太平天国）扯上了关系，即便是一日两餐喝酒时，父亲也总把最后一口酒庄重地洒在地上，说是为了敬重杜康。幼时的我无从考证这些传说是否有典籍史料的依据，那份奇趣却把我的心房塞得满满的，而我们最期待的，便是年关炊发糕——

腊月上旬，父亲便将粳米和糯米按一定比例浸在水中，半个月后捞出，用水淋清后磨粉。离家几步之遥的水碓，便整天"吱吱呀呀"地忙碌着，招呼着村妇姑嫂来舂米粉。劈好的"过年柴"，也被父亲整齐地码在

屋檐下。从腊月廿四过小年开始,家乡的炊烟便袅袅地飘荡在老屋的黑瓦顶上,浓郁的年味也就这么氤氲在了山野里。

　　幼时的我站在小竹椅上,看着姐姐们在木盆中洗刷盛夏时节就从深山中采来的箬叶(有的地方没有箬叶,便用荷叶代替)。箬叶洗刷干净后,被掐头去尾,垫在炊笼里,一种淡淡的清香便萦绕在了鼻尖。炊笼里的箬叶要一张张有序叠压,不能留有空隙,否则发糕坯料会渗漏。每垫好一笼,父亲便用一只石陶碗反扣在炊笼中间,压平一片片不安分的箬叶。接着,父亲高高卷起袖子,拿着板刷,"唰喇喇"地在自己长满老茧的双手上一阵洗刷,然后郑重地伸手给母亲检查。见母亲嘴角泛笑,父亲便在我们的注视下,开始在一大堆米粉中劳作起来。我家炊的是那种不大不小的"四斤笼":每笼四斤粉,两斤半白糖,二大两猪油。母亲眯着眼,仔细地用小竹畚斗称着配料。在小小的我们看来,父母的这份虔诚和庄重,不亚于在举行一场宗教仪式。父亲把米粉倒入木桶,晶莹的白糖、剁碎了的板油也被加入这一堆白色中,母亲则顺着父亲的手腕慢悠悠地注入酒酵。在我们眼里,父亲那"揉粉"的架势,简直就是在练少林武术。渐渐地,白粉和成了一堆黏稠的白色混合体。母亲便手拿水勺,在父亲的示意下,默契地配合着添水。经过一段时间的揉搓后，父亲用双手捧起米糊，如果米糊缓缓地顺着指缝往下滴，他便会用厚重而坚定的声音宣告："好了，上笼！"我们一群姐妹也便跟着欢快地忙碌起来，能在这样的场合给父母打下手，真是无上的光荣。母亲则不断地叮嘱我们这群"虾兵蟹将"：

"梅子，炊笼可不能端歪了，要不炊起的发糕也腻歪歪的。"

"真真，笼不能装得太满，不然发糕发起来可要漫出笼沿呢！"

"芳芳，女孩子千万别把脚搁在灶眼上，不吉利的哦。"

"宏宏，灶火可不能烧太旺，发糕要放在大锅里'拖酵'呢！"

面对"拖酵"这术语，我们很纳闷，这时父亲就详细地给我们解释："上笼的发糕也像你们一样怕冷，所以要先给它们一点温度，热热身，然后才能发起来。可温度不能太高，不然会把酒酵烧死不能发酵啦。"父亲轻轻地掀开笼盖，在腾腾热气中仔细审视发糕，然后把叠在大锅上的蒸笼上下不断地调换着顺序，撤下的蒸笼立马端到暖阳下晒着加温。"拖酵"往往要三四个钟头，这是最考验我们耐心的事。炊发糕可是技术活。待暖阳下的糕坯发满蒸笼了，父亲就把削成空心的小竹节——被我叫作"竹哨"——均匀地插在每一个蒸笼的内壁，每笼四根，供炊笼中的热气上升。我好奇地把小嘴对着"竹哨"嘘嘘地吹，父亲大笑："你是发糕总司令吗？这可不能吹哨子集合的呢，得耐心等待。"

漫长的"拖酵"完毕，炉灶里的"过年柴"旺旺地燃烧，蒸笼四周的"竹哨"不断地吹着"吱吱"的热气。父亲告诫急不可耐的我们："炊笼四周开始热气旺冒，就叫作发糕'上气'了；如果热气凝结成水滴像豆大汗珠似的分布在炊笼外圈，发糕还是半生半熟；如果'汗珠'消失，热气笔直地从笼盖上升腾，说明发糕已熟。""上气了！上气了！"我们拍着小手欢快地叫嚷着。父亲又小心翼翼地掀开炊笼盖，用筷子戳着验视，如果筷子头上没有糕屑粘着，那就表示发糕熟了。火候未足的发糕吃在嘴里会粘牙；熟透的发糕不及时出笼，又会被闷黄，没有"卖相"了。

当一笼笼热腾腾的发糕被父亲摆在四方桌上时，姐妹们齐声大叫："发了发了！高了高了！"小手忍不住在晶莹如玉的发糕上使劲按着。奇怪的是，手指按下的凹陷之处，不一会儿就反弹平整了。母亲一看不是"实

味道里的老味

瘪糕"，又听着我们乖巧的讨彩话，高兴得合不拢嘴，拿起菜刀切下发糕的一角让我们品尝。手捧一块块孔细如针的乳白色"海绵"，我们忍不住把它们拿在手中把玩着、揉捏着，舌头舔着糕面和细孔，既想一囫囵吞进嘴巴，又如手捧珍宝般舍不得食用。吃饱了肚子解了馋后，我们便手捏六角茴香，或是雕着花纹的白萝卜，喜滋滋地饱蘸调好的"洋红洋绿"，在热腾腾的发糕上"噗噗噗"地敲着印花，那一个个鲜红的印章，宛如姐妹们那一颗颗快乐的童心，喜滋滋地跳在"年"的桌上。这时母亲也允许爱美的我们，用剩下的"洋红"把指甲涂得红红的。最后，母亲用一块猪皮在糕面上涂一丁点茶油。看看吃得满嘴糕屑、绕着桌子欢快奔跑的我们，又微笑着端详一笼笼油光鲜亮、红绿相间的发糕，母亲便像夸自家孩子般地说："发糕年年发，老田家生活岁岁高！"父母把对美好生活的追求，融入了圆满松软的发糕里。

年年发糕年年福，笼笼发糕岁岁高。圆满松软的发糕早已成了龙游的经典美食，也升华为了家乡过年的一种文化传统，同时也成了离家的游子吟咏乡愁的寄托！随着生活条件的改善，发糕的花色品种也丰富多彩了。婆媳相传、父子相授，继承与创新并举，传统的年味也在与时俱进：桂花、橘丝、红枣成了糕面的点缀；在糕中夹一层红豆沙、芝麻，做成了"夹心糕"；清明时节采摘的艾叶成了清香四溢的青糕配料……这些发糕花色诱人，口感独特，但我最爱的，还是老屋大蒸笼里蒸出来的原汁原味的发糕，它在节日的快乐里融进了家庭的温情、幸福和热望。

漂泊异乡十几年，每逢年关，我便如朝圣般地从外地赶回家乡，故乡

的发糕，便是点燃心头的爱与热的那炷高香。当"年"把我领进乡关时，远远望见老屋的上方飘浮着袅袅的炊烟，如母亲柔软的白发在风中轻轻地飘舞，又如细线，帮助我串起那些飘落在记忆深处一颗颗闪亮的珍珠。我手捧发糕，在"年"的情感酒杯中，虔诚地品味着这份浓浓的情愫，醉卧在我日日夜夜魂牵梦绕、生我养我的山乡田野上。

如今，我已抖落异地的风尘，归泊家乡。在发糕的圆满里，心灵找到了久违的安顿。日子像发糕一样膨胀着，我却心疼地失去了亲情，老屋的旧址早已盖上了红瓦砖房，堂前挂着父母那慈祥的微笑。盈盈泪光中，我松软了疲惫的心房，依稀看见双亲在炊烟弥漫的灶间忙着炊发糕……

> 发糕甜，
> 发糕香，
> 发糕满圆圆，
> 盼儿归故乡！

童年，外婆家的那缕糕香

余筱琴

自1999年12月外婆去世后，每逢中元节前，外婆总频来入梦……

每次回到故乡，总会看到昔日的生活物品已然成为一种角落里的堆积，而当外公外婆的遗像再一次猛然撞入眼帘时，这份强烈的视觉冲击让尘封的记忆瞬间复活，心底的感谢、留恋、怀念喷涌而出，有一份亲切与眷恋让泪水悄然爬满眼眶……

回想有外公外婆陪伴的童年岁月，随便是哪一天，那日子都能开出花来。昨晚在微信中传播的《品糕之道》引发群内一场激烈的探讨，却也勾起了我对那些花开的日子里和外公外婆一起制作美味发糕的回忆……

从小，我就是个爱吃糖的孩子——家乡的发糕是我的最爱。听外公说，龙游发糕的制作始于明代，距今已有六百多年历史，因风味独特，制作精美，又是"福高"的谐音，象征吉利，因而成为节日礼品。听外婆说，龙游发糕花色品种多样，按口味分，有白糕、糍糕、青糕、桂花糕、核桃糕、红枣糕、大栗糕等；按主要原料分，可分为纯糯米糕、混合米糕。

童年的我，恨不得吃遍各种口味的发糕，可我外公只做最常见的两种。看外公外婆炊发糕是我、比我还小八个月的小舅舅、妹妹、表弟和表妹最快乐的事。坐在灶前烧火的那个必定是我，每年腊月，我都迫不及待赶着"上任"。而在外公对米进行浸水、淋洗、拉浆、磨粉、脱水、混和搅拌、灌笼、发酵这些必不可少的工序时，我这个小馋猫总是不厌其烦地

问外公“可以了吗”，并一次次拉着外婆的衣角要求去看看，生怕错失时机。

外公是个做事非常严谨的人，并不会因为我的催促改变节奏，每一道工序都做得一丝不苟。他按照三比一的比例加入米粉和白糖，同时加入适量的猪油和米酒酿，放入铁锅中搅拌均匀，调和成糊状。那时候，我常常困惑：为什么要这么麻烦？不好快点吗？

当发酵好的面团变得绵软，闻起来有一股淡淡的酒香味时，外公终于开口：“阿筱，烧柴去！”“好嘞！”我每次都答应得特别甜美，以至于外公一直误以为我是个特别勤快的小女孩。

烧火是技术活，不可小看。训练有素的我先用文火，使发糕在锅里加热发酵。只有炊发糕时我才有机会戴爸爸那只“上海”牌手表，每隔七到八分钟，便及时提醒忙碌中的外公调换蒸笼的顺序。外公娴熟地把最上面的调换到最下面。当他用手触摸笼壁感到温热时，就笑眯眯地说：“阿筱，不用烧了，歇一会儿，现在需要让它们发酵。乖，出去玩一下。”可那洁白如玉的色泽吸引着我，我哪里挪动得了自己的脚步：“外公，我不累！我多看看，长大要做给您和外婆吃呢！”哄得外公逢人便夸这外孙女如此懂事！

等待的时间特别漫长。其间，小舅和妹妹、表弟、表妹也不定时地闯进来查探军情："哇，怎么还没好啊?!"看着我们的馋猫劲，外公爱怜地摸着我们的头："不要急，现在不能出锅，还不能吃，等甜酒酿发酵……"小舅和弟妹们鱼贯而出，我则依然舍不得离开灶台。等得我都快睡着了，外公终于掀开蒸笼盖。"哇，这么高了!"我惊喜地大叫。外公则满意地点点头："嗯，发酵成功!"于是，外公取一些小竹棒均匀地插在每一个蒸笼的内壁，大约每笼四五根。我瞪大眼睛："外公，为啥放竹棒?"外公忙得没时间抬头："帮助发糕透气，这样发糕才能发啊!"听得我一知半解……

"哈哈，我的小馋猫看得口水都滴落了!好了，现在用柴棍烧!"忙碌好的外公看我痴痴地盯着发糕出神的表情，一定觉得我很萌吧?"好!"接到命令，我立马奔赴"战场"，把火烧得旺旺的。火烧得愈旺，糕香在氤氲的蒸汽中愈加浓郁，也更诱惑着我的味蕾，馋得我如痴如醉地盼着它们早早出锅……

"嗯，差不多了。我去拿红绿丝，撒些在上面比较喜气。"外公边说边离开厨房，我则趁机迅速拿了筷子，掀开笼盖，在边沿处撬了小小一块慰藉肚里那几根"馋虫"。而这一幕刚好落在跨进厨房的外婆眼里。为免招外公嗔怪，我耳聋的外婆聪明地用铺出外延的部分发糕填补了那个空缺，并把多余的部分塞进我嘴里——那种满足与幸福感，让今日的我都舍不得忘记……

"这么香啊!这下肯定好吃了!"刚出锅的发糕清香扑鼻，引来了在外面嬉戏的小舅和弟妹。正在给发糕装饰的外公外婆被我们五个小孩围得团

团转："外公，这笼不用撒红绿丝，我们现在吃，不用这么漂亮……"手忙脚乱的外婆把一笼没来得及撒红绿丝的发糕切成一块块。我们五个娃娃顾不得烫，以"风卷残云"之势立即将这笼发糕扫荡得干干净净，一个个干瘪的小肚皮已被撑得溜圆溜圆。心满意足后的我一抬头，看到的是外公外婆充满爱怜的目光……

三十年过去了，可那温馨的一幕，永远定格在了外婆家的厨房里……

今日中元，我默默地怀想：外婆啊，虽然前行路上，您和外公已无法为我们作陪，但我们会捡拾一路的糕香，盈握那些曾经的温暖，来驱赶夜的寒凉。愿您和外公永远安康！

三只葱花馒头

慧一文

蛰居在龙游这座古城，经常会从梦境中醒来，但又很快就忘记了梦。我知道有些记忆只有借助文字才能定格，并且文字是有温度的，可以融化心中的结，就像一段美食故事，其实，吃什么并不重要，重要的是，品尝食物时，那满怀欢喜的情绪，以及与你一起品尝美食的人，才是故事里最精彩的内容。

龙游小吃名目繁多，品种丰富，有清朝馄饨、龙游汤圆、北乡猪肠……一聊起这些吃的，我恨不得马上都能大口吞上几份。但众多小吃中，我只对葱花馒头有一种特别复杂的情感，一闻到它的香味，便会忍不住想起她。

认识小琪已经一年多了，因为分隔两地，常常离多聚少。大部分时间里，我们只是书信往来，但偶尔也会互通电话。气喘吁吁地赶到办公室，接听才不到五分钟，又不得不将电话挂断。我们不是不想聊下去，而是电话费实在太贵了。我不知道这种状态算不算是在恋爱，但心里总是期待她会突然出现在我面前。

期末快到了，小琪来信告诉我，暑假期间她们单位要组织去大连旅游，她也报了名。另外，她还在信尾说，放假后，她要随父母回龙游一趟，他父母想见见我。合上信笺，我既兴奋，又紧张，门卫见我在他面前不停地踱来踱去，忙问我发生什么事了，我只好尴尬地笑笑。

小琪的祖籍在龙游，爷爷奶奶仍居住在詹家石亘村。小琪以前曾向我

说起过她爷爷在石亘小学教过书，这次她和她父母回老家，也是来探望爷爷奶奶的。

第一次要去见她的家人，不免有些紧张。前一天，我特意去剪了个发型，又与施程约好一同前往，并对石亘村做了些功课。知道了石亘村以吴姓为望族、石亘吴氏向来以乐善好施为名，并对吴氏一族历代以来的名人作了简单了解。

第二天一早，我拎着两瓶四特酒加两盒宫宝，与施程骑着自行车沿衢龙路一路西行。快到村口时，远远看见一个白衣少女立于路旁，那一束熟悉的马尾巴在风中摇曳，格外显眼。原来小琪早就在路口等我们了。

小琪爷爷家住在一幢徽派建筑的老房子里。还没到门口，就隐隐传来一阵阵葱花的清香。她们是不是在包葱花馒头？小琪微微一笑："就你鼻子灵，等下我包给你吃。"

果然，堂前端坐着三个女人，面前铺着一块木板，她们边说边笑，一手拿着馒头，另一手拿着一个小勺，往里塞着馅儿。中间那位瘦瘦的，上次在泽随见过，应是小琪的母亲。左边那位笑起来声音很爽朗，是姨娘。另一位却从没见过。她们也没怎么在意我们走进来。

"快进来，快进来！"一位高个中年男人从旁屋迎了过来。

"这是我爸。"小琪忙向我们介绍。

"叔叔好，我是小慧，这是我朋友施程。"或许是闻到葱花馒头的香味了，我竟然没有感到丝毫的紧张。

小琪顺手从我手中接过酒和宫宝，说："我去包馒头给你吃！"

味道里的老账

我与施程随着小琪父亲穿过天井，向小琪母亲她们一一问好。她们抬起头直盯着我看，又相互笑着，害得我站也不是，坐也不是，只有不断地搓着手看着馒头。

"小慧来了?"里屋传来一声问话，声音很苍老。我猜，这肯定是小琪的爷爷，他怎么知道我名字?

"是的，爷爷!"小琪应了一声，便跑进里屋搀着爷爷坐到中堂的太师椅上，我走过去向爷爷问安，小琪搬了一条方凳叫我坐在爷爷边上陪着。

"小琪，你也去包几个馒头。"爷爷说着，还与小琪耳语了几句，不知在搞什么名堂。

我看着小琪移坐到木板前，轻轻捏起一只馒头，握入掌中，手一张，馒头又像海绵似的恢复了原貌。龙游馒头是用酒酵发酵的，酵孔非常细密，弹性十足，皮薄如纸，又白细如雪，面有银光。然后，见她用小勺在馒头侧面戳个小洞，再把肉馅一点点塞进去，直到馒头变成圆鼓鼓的。

龙游葱花馒头不仅对馒头坯子有高要求，用馅也很讲究。小琪母亲先将白萝卜剁成丁，加点盐，挤去水分。又将新鲜的瘦肉和肥肉均匀搭配，也切成丁。再将馅儿拌匀放锅里炒，加入酱油、料酒、盐、味精和香油。龙游人喜辣，一般都要在馅里加入辣椒或辣椒酱。最后撒入切成末的葱花，并且量也特别多。当然，有些馅料中也有加溪口笋干或豆腐干的，每一种料都有不同的风味。我在旁看着，忍不住要流口水了。小琪回头瞧了我一眼，偷偷一笑。

忽然，爷爷在堂前哼起了一首儿歌：

> 馒头圆圆，猪肉香香，放下刀枪，回家孝爹娘。
> 馒头圆圆，萝卜香香，吃饱肚皮，回家陪小娘。
> 馒头圆圆，葱花香香，渔樵耕读，回家抱儿郎。

"爷爷，你又有故事要开讲了。"小琪放下手中的馒头，与我一起坐到爷爷旁。

"葱花馒头还真有一段故事，且是与龙游城有关的。"爷爷慢悠悠地开

始讲述：

咸同之乱时，太平天国侍王李世贤部京卫军主将裨天义、李尚扬占据龙游城。清军左宗棠则驻军詹家圭塘山，团团围住龙游城，然久攻不下，心急如焚，便召集幕僚讨论攻城之事。其中有个军师吴毓林，石亘人，是吴际元的父亲，投笔从戎，深受左宗棠器重。他献上一计："城内发匪粮草奇缺，现适逢年关，不如借葱花馒头美食劝降，动其军心，一举攻之！"

左宗棠闻之，当即说"可"。吴毓林又进一言："城中发匪大多目不识丁，可在馒头中夹入一纸片，画上老人、仕女、儿童三图，用箭射入城中，以孝悌和父子、夫妻间之天伦感化他们。另集儿童十数人，编一儿歌在城外唤之。"左宗棠再曰："妙！"并提出在葱花馒头馅中加入辣和更多的葱花，可让馒头味道更重、更鲜美，以达到诱降的目的。

同治元年除夕夜，微雨初止，龙游城南门前，突然传来一阵儿歌："馒头圆圆，猪肉香香，放下刀枪，回家孝爹娘……"

城内守兵闻之，正不知所以然，城墙外又飞进数万只葱花馒头。饥肠辘辘的守兵再也顾不得什么了，捡起地上的馒头就往嘴里塞，那辣味、香

味道里的龙游

味充满了整个城墙。待守兵吃馒头咬到纸片时，细一看图，眼泪随之纷纷落下。当晚，便有数千守兵先后外逃。至同治二年正月十三，龙游城终于被左宗棠成功攻下。

自此以后，龙游葱花馒头开始加辣，并增加了葱花的量，形成了今日龙游葱花馒头的特殊风味。

故事刚讲完，小琪母亲就端上了刚蒸好的热气腾腾的馒头。小琪挑了三只放在我碗里。我一口咬下去，还有点烫，有一种热乎乎、火辣辣的感觉顿时渗透进齿颊之间，皮有咬劲，也不粘牙；料清脆有味，满口生香，让人舍不得停下来。

咦，我怎么咬到一张卷起来的纸片？我悄悄地捏在手里。小琪看着我，莞尔一笑。

我借故走到旁边，偷偷展开，纸片上画着两颗连着的心。一股暖流瞬间涌入心头，剩下两只馒头都舍不得下口了。

听小琪说，这次他们家人对我印象不错，等她从大连旅游回来，他们想见一下我的父母。她还说，她要我也给她包三个葱花馒头。

时间过得好快，转眼半个月过去了，按照小琪旅游的行程安排，她应该是回来了。可我没有她的任何音讯，没有书信，也没有电话，我有些焦急，不知所措……

一紧张，突然惊醒了，原来又做梦了。妻问我："又想什么了？"

我说："梦到葱花馒头了。"

妻笑笑："那明早我们就包葱花馒头，如何？"

哈！原来生活的美妙，就是——你心中所想，有人能懂。

美味的流传，爱的延续

何惠芳

作为地道的龙游人，身在他乡，最念念不忘的，是家乡的众多美食，尤其是那小小的肉圆。小小的它，不仅承载着独特的美味，更是爱的延续。

记得小时候，每天吃的都是白米饭，即使搭配着各式各样菜肴，可是总有些时候，会对饭菜产生厌恶感。每当这时，妈妈就会想着下一顿给我换个新花样，果不其然，晚饭时，妈妈端着一碗碗肉圆上了桌，小小的肉圆泡在汤里，显得那么晶莹剔透，似乎在眨巴着眼睛招呼我快来品尝吧。此时的我其实已经迫不及待地想要夹起一个个肉圆往嘴里送了，轻轻地咬下第一口，真的好Q弹，细细地嚼一嚼，能发现肉圆里隐藏着许多肉粒和绵密的芋艿泥，鲜香的味道洋溢在嘴巴的每一个角落里。此刻，我就会觉得这是世界上最吸引人的美食了，并暗暗发誓：以后我一定要学会制作这道美食，带着妈妈的爱一直延续下去。

冬天的早晨，我懒懒地钻出被窝，准备去上学，妈妈会往我的口袋里塞两个硬币，并嘱咐我一定要记得买早餐。这个时候，我有点小小的兴奋，走向自己喜欢的卖肉圆的早餐摊，摊位里的肉圆和妈妈做的有些不同，为了方便食用，早餐摊的阿姨会把一个个肉圆摊在蒸屉里，慢慢地蒸熟它们，大嗓门的阿姨招呼着："小姑娘，你要两个对吗？"我赶忙点点头，仿佛不早点答应，肉圆们就会消失了似的。接过阿姨装好的肉圆，我习惯性地舀一勺阿姨秘制的剁椒酱，热气腾腾的肉圆就着剁椒酱的香辣爽口，它们一起释放出的温暖大概是寒冷的早晨最大的安慰了吧。说到蒸肉圆，

味道里的龙游

就会想起每年正月里走亲访友的时候，去大姑家吃饭，总会有一道青椒炒肉圆，简单又可口，别有一番滋味，也许这也是大姑对小辈们最纯粹的爱。

外出上学、工作之后，家乡味的肉圆也渐渐地淡出了我的生活，直到遇到了我的先生。突然有一天，我们谈论起了家乡最令人怀念的小吃，一时心血来潮，突然产生了想给他做份肉圆的念头。于是翻遍了网上所有有关做肉圆的菜谱，却怎么都做不出妈妈的味道，最后只能向妈妈求助。妈妈详细地给我讲解了做肉圆的步骤，肉粒要选择肥瘦相间的，这样整个肉圆才会油润而不腻，接着调整了番薯粉和水的比例，再加入芋艿泥，使得肉圆更加 Q 弹蓬松，最后终于做出了一直烙在脑海里的那种味道。看着先生吃得满足的样子，我知道我成功了。原来小小的肉圆里竟然隐藏着这么多的小诀窍，它也在无形之中，增进了我和先生的感情。

再过几年，女儿出生了，我在照顾她的时候总是小心翼翼，关于她的饮食更是格外用心了，几乎每顿都亲自给她做好吃的饭菜。有一天，突发奇想地打算做一份肉圆，让她也尝尝妈妈念念不忘的关于外婆的味道。挑选食材，切肉粒，研磨芋艿泥，再加入番薯粉和少许调味品，把所有的食材混合在一起，因为做过很多次了，这次显得更加得心应手。"宝宝，来，妈妈今天也给你做了一份肉圆，尝尝看喜欢吗？"才两周岁的女儿，屁颠屁颠地坐在自己的小餐桌面前，"呼哧呼哧"，很快一碗肉圆已经吃完了，咧着嘴巴："妈妈，好吃，我还要。"简简单单的几个字，表示女儿对我做的肉圆的认可。在以后的日子里，我会继续给她做各式各样的美食，或许这就是妈妈对孩子最原始的爱吧。

小小的肉圆，它包含着各式各样的爱。肉圆的制作在延续，而凝聚在肉圆里的爱也一直在延续着。

美食记忆

清明时节米粿香

邓根林

　　日子舒心，过得就快，不知不觉里，又到了中华民族的传统节日——清明节。清明节是纪念祖先的节日，主要节目是扫墓，是慎终追远、敦亲睦族及行孝等思想意识的具体表现。

　　提起清明节，我的脑海里立刻出现了唐代诗人杜牧的《清明》诗："清明时节雨纷纷，路上行人欲断魂。借问酒家何处有？牧童遥指杏花村。"这首诗写出了清明节扫墓的特殊气氛。据说，唐代之前，寒食与清明是两个前后相继但主题不同的节日，前者怀旧悼亡，后者求新护生；一阴一阳，一息一生。按照习俗，寒食之后重生新火就是一种辞旧迎新的过渡仪式，透露的是季节交替的信息，象征着新季节、新希望、新生命的开始。后来则有了感恩的意味，更强调对过去的怀念和感谢。寒食禁火，冷食祭墓，清明时节，人们取新火踏青出游扫墓时，携带酒食果品、纸钱等物品到墓地，将食物祭供在亲人墓前，再将纸钱焚化，然后为坟墓培上新土，折几枝嫩绿的新枝插在坟上，叩头行礼祭拜，最后，吃掉酒食，返程回家。为了祭拜和寒食的方便，家乡便出现了清明粿。

　　在儿时的记忆里，我却本末倒置，吃清明粿成了过节的主要内容，上坟扫墓祭祖反倒成了陪衬。我出生在二十世纪六十年代，那时候，农村生活苦，在我的记忆里，平时难得吃到好吃的零食，能够吃好吃饱，成了我儿时最大的梦想。于是，过了年，我就掰着指头盼望着清明节的到来，以至还没有到清明节，便嚷嚷着要吃清明粿。想起孩提时代，我不觉为当年

自己的馋样哑然失笑。

临近清明，母亲会提前半个月，甚至一个月，带着我们兄弟去田间地头，找寻一种叫"青"的绿色艾科植物，洗净，晒干。到了清明，再把积聚起来的"青"放到石磨上磨碎，拌入不多的米粉里——那时候，家里粮食年年不够吃，糯米更少。为了满足我们兄弟几个的食欲，母亲便把"青"的用量加大，结果，我家的清明粿显得特别青翠欲滴，清香扑鼻，与众不同。

家乡的清明粿大多是圆的，像月饼；也有做成北方饺子状的头梳粿。清明前一天，母亲和奶奶天不亮就起床，炒菜的炒菜，揉粉的揉粉，忙得不可开交。揉粉是个力气活，常常需要父亲的帮忙才成。因为米粉少，"青"的数量大，为了做出来的清明粿不至于破裂，得充分地揉匀粉团。

开始做清明粿了，母亲把粉团先揉成圆柱状，再摘成一个个小小的粉团，然后才拿起一个粉团，把大拇指插进粉团里，一边捏，一边转动粉团，那粉团在母亲和奶奶的手里，很快成了一个小酒盅，母亲和奶奶再在里面装上馅，然后封口，一气呵成。接下来就是我的任务了。每每到了清明节，印粿是我最喜欢做的事。那时候，家里有四五个"粿印"，图案有花草、有动物、有福字。我把粿印全部摆在面前的桌子上，挨个把母亲和奶奶做好了的粉团放入"粿印"，用力压实，再翻过粿印，轻轻一磕，一个有漂亮图案的清明粿就摆在面前了。米筛里的清明粿越来越多，看着那漂亮的图案，仿佛就是我的作品似的，让我兴奋不已。不一会，我的面前就有一筛子清明粿了。这时候，母亲就会起身，搬来蒸笼，垫上荷叶，摆上清明粿，端到锅上去蒸。很快，清明粿熟了。母亲打开笼盖，那清明粿特有的清香，立刻弥漫了老屋的每一个角落，让人垂涎欲滴。

现在想来，那时的清明粿是添加野生植物做的，实在是名副其实的绿色食品。如今，人们的生活条件好了，清明粿已经不再像以前那样令人期盼；然而，随着年龄的增加，我对清明节却有了一种不能消失的期盼，不因为别的，就因为我再也吃不到奶奶亲手包的清明粿了。

奶奶是在那个冬夜悄悄走的，享年九十六岁——奶奶去得悄无声息——头天晚上，奶奶还吃下了一碗米饭。乡亲们说，这是奶奶一生行善

积德修来的福分。奶奶没有住过一天医院，没有花儿孙们一分冤枉钱，走时没有一点痛苦，是好人有好报啊！听老辈人说，那时候，逃荒要饭的乞丐很多，常常是一天来好几拨。农村生活本来就苦，自己都吃不饱，看见来了乞丐，许多人都没有好脸色，我奶奶却不。门口来了乞丐，不管来人岁数大小，是男是女，她总是有什么就给什么，有时候给碗饭，有时候给把米，有时候给几分钱，从不让人空手离开。奶奶常常对我说，人活在世上，谁都会遇到这样那样的坎，有难，大家伸手帮一把、扶一下，就过去了，举手之劳，自己又没损失什么，可对落魄的人来说，作用就非同小可了。奶奶离世的时候，我正在外地，没能够给她老人家送终，成了我一辈子的遗憾。孝敬长辈要趁早，我现在才明白，但已经迟了。

清明节与其他传统节日不一样，清明节是融合了"节气"与"节俗"的综合节日。中国是礼仪之邦，祭祖祀先，既有重亲情孝道、慎终追远的意味，又有托庇祖宗、以求荫福的意思。我以为，清明节扫墓是一种良好的习俗，它不仅有利于重亲情与重孝道氛围的形成，还可以引导我们去关心、思索生命与生死问题；而在大自然呈现欣欣向荣、蓬勃生机的时节思考这类问题，更有利于人们克服某些消极虚无的生命观、人生观。清明习俗还要发展，这种发展当然应该建立在继承传统的基础上，如扫墓祭祖，它的重亲情与孝道的内核，我们怎么都不能丢！

如今，人们的生活好了，感恩的心也越来越浓，清明节祭拜祖先，悼念已逝的亲人的习俗将越来越盛行。不少人在外生活窘困或工作繁忙，但到了清明节这一天，总会想方设法回家扫墓，因为，在他们的心里，"清明不回厝无祖"的观念已经根深蒂固。

龙游清明粿

余怀根

春分过后，天慢慢地暖和起来了，荠菜、蕨菜、马兰头，许多草的芽叶也急呼呼地从地底下往上蹿，芽白、嫩黄、粉绿，没几天工夫，便都能赶着上桌了。不少人也就借着做菜的名义，去野外采春了，并且特别留意搜寻能揉进清明粿里的那几片叶子。想来，这该与它背后的节日有关。至于来历如何、有没有故事，这么些年过来，人们大都也淡忘了，只记着民间过节亏不了舌头这点好。

一般情况，仲春里来到灵山江两岸，便差不多能尝到清明粿了。灵山这么大的地方，清明粿在原料、工艺及口味上，各有些差异是很正常的。清明粿只是统称，有些地方的叫法写不出相应的字来，考据也摸不着路径。本来，叫什么也无所谓，可不少东西的形状常跟着名字走，名不正了，别的也都不顺了，起码馅的多少不一样。"饼"是用模具压出来的，里头基本填不了什么；"饺"的大小呢，跟北方的相差无几，只不过边上多了些裙花一样的褶子；只有馒头似的"团"最实在，一个个结实得跟山药蛋一般，装得自然也最饱满。

有的做法单凭名字却是看不出来的。比方说，有的是石臼里舂出来的，先把草的芽叶洗净后煮熟，再将它和米饭揉一块儿捣烂，这可是份力气活；有的呢，则是由米粉和草浆拌匀揉出来的。用力不同，嚼起来时，那份韧劲儿也不一样。吃过的人都明白，那种过嘴不忘的乡愁，大多还潜伏在明前乡间的那些花草枝叶里。此时的江南，路旁、田埂、草坪上，没

有地方不是春心荡漾的，草虽还细细、嫩嫩、羞答答的，可经过一个冬天的休养生息，生命力却是一年四季中最旺盛的，那股淡淡的芳香自然也最沁人心脾。如果借用做茶人的话来说，明前的芽叶茶底子最厚。

当然，不同地方的选材是不一样的。钱塘江流域多用艾叶，学名叫野艾蒿，茎直立，叶子则像水芹菜一般舒张和精神；灵山江一带呢，则常用鼠曲草，它是菊科，絮似黄花，叶如绿菊，全身的毛让它萌得像一株童话，看得人心里也柔柔的。据中医书里记载，它俩都有驱寒祛湿的作用。

过了清明，还有拿别的来替代的，比方说青菜和苎麻的叶子。青菜叶自然哪季都不缺，苎麻叶子呢，则可晒干了以留备用。难怪到了春节，有的地方还能做出像模像样的清明粿来。

说来脸红，因为嘴馋，这些年跑了不少地方，也托过些人，许多回都是为了这个清明粿，说尝过些口味倒也不假。吃过对胃、还忘不了，一到时候，便老惦记着往那儿跑。我掐着指头算了算，去得最多的，居然是浙西几个不过十来万人口的小县城，尤其是龙游。跟一般游客不同，我不光是奔着那里的空气和山水去的。

去年秋上，为了调研余绍宋先生抗战避居故里的事，我和朋友曾专门去龙游向劳乃强先生讨教，他是当地的文史专家，对该事的推进满怀激情。一次饭桌上，我不经意间流露出了对清明粿的那点企图，他笑着说："只要明年开春你还记得这里，我一定让你嫂子给你做。"没想到，今年的农历畲乡三月三，他果然发来邀请，我们也如愿在他家的家宴上尝到了嫂子的手艺。满桌佳肴里，让我最在意的还是清明粿：馅有咸、甜两种。咸的里面有春笋、咸菜、香菇、豆腐干、新鲜瘦肉、咸肥肉；甜的又分豆沙和芝麻馅两种，芝麻是炒香后碾成粉，再拌入白糖的。据嫂子说，他们的芝麻馅里还拌了松花粉。

龙游清明粿的原料有青粉、米粉和馅料三种。米粉一般选用上等糯米和籼米搭配而成，按三七比例配比，浸泡七天后碾成细粉即可。青粉的成分大致有三种，一是采摘鼠曲草嫩茎叶晒干磨粉。鼠曲草又称鼠耳草，是江南春天的田野里特有的，一丛连着一丛，生长旺盛，随处可采。也有农家采其茎叶用开水煮沸过滤汁水，再晒干碾粉的。二是采艾草嫩叶制作青粉，其方法与上述相同。艾草颇受大家的欢迎，人们端午节常用来插在门楣上辟邪，也可晒干了点燃，使香气弥漫以驱蚊逐蝇。三是采嫩苎麻叶制

作青粉。这三种青粉，以鼠曲草青粉口感最佳，清香异常、筋道十足。馅料是决定清明粿味道好差的主要因素。农家大都采用鲜春笋、鲜猪肉、豆腐、雪里蕻咸菜等为原料，自采自用、原汁原味，是很纯粹的老家味道。

原料齐了，接下来就是做清明粿了。在龙游，清明粿的形状分两种，一种是长形，呈饺子状，打好面皮包上馅料即成。形状美观与否，其功夫在于收口。粿形饱满壮实、褶子细密均匀整齐为上。另一种是圆形的，要用模子打压。龙游人称这个木头模子为"粿印"。形状和外地的大致一样，是个两厘米左右高的圆台，手掌大小。清明粿做成后，放在"粿印"里一压，就有了龙凤呈祥、花好月圆等形状，图案极为清晰，有的人家还在粿面上点红，那就更美观了。色、香、味、形齐全，真正的美食来了。青绿色的一般是甜品，用的是白糖和黑芝麻混合物作馅。而白色的一般以咸的口味为主，用的馅大多为豆香干、笋丁、豆瓣酱之类的。

面对小粿子里的这份豪华，我被感动了。嫂子还说："诀窍还不光在馅，如果要卖相，明前草煮熟后得赶紧冲凉，稍不留神，就变黄了。"这可不是一般的讲究和地道。后来，劳先生告诉我，在他们那一带，家家户户做清明粿都十分上心。

回家后，又陆续收到朋友捎来的两份清明粿，一份是外面卖的有品牌的，另一份大概是他们自家做的。可不是缺了野味，便是芝麻粒儿没碾碎，吃起来总差那么点意思。按理说，经济好了也该是舌尖的福音，不知怎的，心却暖不起来了。我曾不止一次地想过这一问题，答案却常常如在云里雾里似的，这回倒悟出点了苗头。经这些年的城市化，原先的清明粿早已被挤入商业化的潮流，成了一个常规的产品，即便小家庭有小打小闹，大多也只是走走程式了。而在山里边，对美食，它却依旧保持着那份仪式般的敬畏和虔诚。

龙游猪肠

赵春媚

在儿时的印象里，每天下午两三点钟左右，卖猪肠的小贩们就会准时推着三轮车，开着扩音喇叭开始出摊叫卖了。于是，大街小巷里就能听见或悠扬或刺耳的叫卖声，吸引了不少嘴馋的人。

作为一个吃货，只是看着那一锅色、香、味、形俱全，散发着诱人香味的猪肠，心里早已是跃跃欲试了。再加上热情的小贩几句话一问："你要米的还是粉的？辣的还是不辣的？"终于就忍不住了，迫不及待地选中了一截："喏，就这截！""好嘞！"边咽着口水，边看着小贩们快速地剪下一截，有时还要用剪刀剪几个口子，再放在汤汁里浸浸，这个过程已经是令人食欲大开了，当这截热腾腾的猪肠拿到手时，心底充满了无以言说的快乐。

说来也是奇怪，我从来不吃猪肠子，总觉得油腻恶心，但是对这外观黝黑发亮，浸在浓汤里的糯米灌肠，却是爱不释手。而且，猪肠填满糯米，很能充饥，于是在肚子饿的时候，来上这么一截，真是太令人满足了。

但是，妈妈总是嫌弃外面卖的弄得不干净，总叫我们少买。于是，休息的时候，她会自己去菜市场挑上一副猪肠子，自己动手做。

制作猪肠可不是件容易的事，费时费力。首先得把猪大肠洗干净，而且必须洗到特别干净的地步。妈妈会一点一点地把肠子翻过来，将里面看上去毛茸茸的油脂撕掉，然后再用面粉反复揉搓，直到把肠子洗得白白净

味道里的龙游

净的，没有一点异味为止。我想，光是这一项，外面肯定是做不到这么仔细的。

接着，就是准备里面的糯米了。把洗干净的糯米，加入料酒、酱油、辣椒、味精、香油、生姜末等充分搅拌。一切准备好了之后，才开始动手灌肠。这时，需要一个漏斗，利用它小心地把调好味的糯米灌进猪肠里面。而且每段肠的糯米量只灌到大肠长度的一半左右，另一端用棉线扎紧，再接着往下灌。妈妈一边小心翼翼地灌着，一边不时地用手掂量着，用手将顺了，以保持肠子的匀称。就这样边灌边用棉线绑成一节节的，大概每节十厘米长。

全部大肠灌扎完毕，放入早已备好的茴香、桂皮等香料在大锅里煮，煮的时候还得轻轻地摆动猪肠的两头，以免猪肠粘锅底，火也不能太大，只有慢慢地煮，才能保证糯米煮熟入味。最后还得用酱油调成酱色的浓汁，把熟猪肠染得油光发亮，才算大功告成。

看着这胖乎乎、热辣辣的猪肠，闻一闻，香气袭人，咬一口，外皮嚼劲十足，里面却满口糯香，两种特殊的滋味交织在一起，纠缠在你的口腔里，鲜香蔓延开来，刺激着你的味蕾，让人大呼过瘾。

这煮熟的猪肠第二天再吃时，我们还把它放在锅里煎烤一番。经过油煎后的猪肠，外皮金黄，脆嫩可口，里面就像油煎过的粽子，更加香气扑鼻，吃起来更是别有一番滋味。

妈妈的这一番好手艺，也不是那么容易练成的。刚开始，也会有没煮熟或者爆肠的情况出现，我们也劝她别做了，太麻烦！可是，妈妈就是不

气馁，一次次地调整分量耐心试验，最后终于成功地在我们面前呈现出一锅美味无比的猪肠来。看着我们几个大快朵颐的样子，妈妈只在一旁笑着，那心满意足的样子比自己吃了还高兴。

其实，除了妈妈做的猪肠好吃以外，大南门的那个中年男人做的猪肠也很好吃。他做的猪肠不仅干净卫生，而且糯米软糯醇香、不油腻，没有异味，味道更是没话说。他身边总是有一辆三轮车，也不挪动位置，就摆在录像厅的前面，也不靠吆喝招揽过往的行人，只是静静地站在那里，自然就会有食客慕名而来。其中，最好吃的部位是八寸头，因为这里肠皮更厚，更有嚼劲，价格当然也就最贵了。虽然他的猪肠价格相对于别家要稍贵一些，但每天总是早早地就卖完了。可是忽然有一天，他消失不见了，让我们无迹可寻，直叹可惜。再后来，他的儿子也曾经出来卖过一阵子，也在老地方，也是这种味道，也是引得我们这群老食客趋之若鹜。可是，最终，他儿子也消失不见了。于是，这种滋味只能在记忆里回味了。

据说，现在最好吃的是北乡猪肠。或许是因为北乡人热情豪爽的性格使然，不会偷工减料，把自己满满的心意都裹在这一截截的猪肠里了，所以就连这普通的猪肠也做出了不一样的味道来。听朋友介绍有一家店做的猪肠还特别有名，常常要打电话预订才能吃上呢。

如今，妈妈年纪大了，眼睛不好了，也就不再做这么麻烦的猪肠了；大南门也已经被拆除，准备重新修建了……虽然满大街都有猪肠在卖，但那熟悉的味道，妈妈的味道，我们又该到何处去追寻呢？

味道里的老城

北乡豆豉

方海清

　　龙游人对于美食的追求超乎常人的想象，就算是普普通通的几样食材，勤劳智慧的龙游人也能将它们整合出不一样的美味来。北乡豆豉就是龙游人的伟大创造。

　　每年立秋过后，田里"双抢"结束，进入农闲时期，这时家家户户的农家小院里，就会飘出荷叶以及用荷叶包裹着的酱香，这是龙游人在蒸制豆豉了。

　　豆豉，龙游方言称之为豆丝。主料首先是南瓜干，天气晴好之时，母亲将老南瓜切片晒干先备好，在制作豆豉前一晚则要将其浸泡发软，以利蒸熟。其次便是糯米粉，糯米因支链淀粉含量高达98%，糯性及黏性强，晒成的豆豉韧性好、口感好，特有嚼头。再次便是北乡特有的白椒了，这白椒味辣肉厚，很合当地人的口味。这三者的配比一般糯米粉占到了总量的50%，南瓜干占到30%至40%，白辣椒的多少则依个人的口味而加减。如果口味特别重的，还可加入姜末、大蒜等。将南瓜干、糯米饭、白辣椒在大木盆中混合后，再加入农家自制的豆酱拌匀。每次拌和均匀后，母亲都要用手蘸点粉尝一下咸淡，我也学着样用食指点一下放到嘴里，几秒过后，满嘴都火辣辣的。

　　北乡的豆豉吃起来有股橘香味，那是加了香泡皮的。香泡名字挺好听，果实也挺像文旦，但一点都不好吃，又酸又苦，果皮却是好东西。到了七八月份的时候，香泡已有碗口大，但里面还未长全果肉，这个时候就把它剥了皮晒成干，将香泡皮切丝拌入作料中制作出来的豆豉，就别有一番风味了。

　　母亲正仔细地将一张张翠绿的鲜荷叶铺到蒸笼里，又将拌好的粉芡一碗碗舀入其中，再将蒸笼一层层在锅里码好。灶膛里的火苗开始腾腾升起，袅袅炊烟在屋顶飘散开来，锅中的水慢慢被煮沸，蒸笼里也开始向外排出蒸汽。经过一个多小时的蒸制，锅中的水开始大滚，厨房里满是白色的水汽，空气中散发着诱人的气息，酱香和着糯米的饭香，再加上荷叶散发出的特有清香，早让人止不住地咽口水了。

　　母亲揭开蒸笼盖，用筷子扒拉出底层的粉芡，看看是否已经熟透。而此时，我早已拿着碗筷，一副急不可耐的样子，踮起脚尖将小碗举得老高，焦急地问："熟了没有？"

　　等到粉芡终于蒸透了，母亲早已把我的小碗装满了湿豆豉，我端着小碗坐在板凳上，嘟起小嘴对着碗里使劲吹气。母亲一边忙着，一边只是对我笑，嘴里还不忘提醒一句："馋佬鬼，别把舌头烫了啊。"

　　熟粉芡被稍微置凉后，在母亲那双灵巧的双手摆弄下，被捏成一个个小饼，并晾放在竹篾上，阳光会把它们晒成酱色——炊熟的豆豉是要放到日光底下曝晒的，否则就不能算是豆豉了。两天的翻晒过后，一个个粉芡小饼变成了酱色的琥珀，它们微微透明，油光闪亮，不干不黏，适口性非常好。晒太干了反而不好，牙口差的，就咬不动了。

　　母亲又适时地将晒好的小饼切成细细的条状，辣烘烘的豆豉就制作完成了。母亲手中的菜刀切得飞快，我的小嘴动得更欢快了，根本停不下来嘛。母亲见了有些不忍，怕我肚子被撑坏，想法子把我支开，于是找来一个碗，盛满豆豉，让我给邻居大婶送些去尝鲜。我一走，母亲赶紧把豆豉用坛子装了，放进谷柜，上了锁。碰到这种情况，我能做的就是撒泼打滚、号啕大哭，然而效果却不大。想吃豆豉时，我又够不到，只能像家里的大黄猫天天望着屋檐下的鱼干那般围着谷柜转来转去、转来转去，有时候忍不住了，真想拿把柴刀把谷柜劈开算了。

　　时光荏苒，转眼已成大人，尝过南北美食的我，对家乡的豆豉依然念念不望。这其中还有一段姻缘故事，于我来讲，这豆豉就是月老手里牵的那根红线。

二十世纪九十年代初的时候，外出打工成了潮流，年轻人个个都想出去闯荡一番。听说杭州好挣钱，于是那年，我也跟着老乡来到了省城搬砖。工地上的活是累的，吃的也特苦，油水少不说，早饭有时就白米粥，连咸菜都没有，幸好从家里带来不少豆豉，就着白粥，勉强能吃个饱。这豆豉还挺能熬饥，干一上午的活，工友们早已饿得嗷嗷叫，而我却一点饿感都没有，这才发觉这土得掉渣的东西原来是抗饿的宝贝，就越发藏得严实了，一般情况下我是舍不得给别人吃的。

到了杭州，总要去西湖边逛逛。晚上有时三五成群或独自一人在湖边吹风赏月，看着一对对情人在花前月下呢呢哝哝，心底难免有些羡慕嫉妒恨。此时唯有豆豉，口袋里也只有豆豉才能让我分散对他们的注意力。一个人坐在湖边的草地上，大口地嚼着豆豉，又大口地喝上一口饮料，不知情的人还以为我是个大口喝酒大块吃肉的侠客。我可不管旁人怎么诧异地看我，我是单身狗，我怕谁。

正咬得起劲，眼前出现一位年轻女子，好奇地打量我一番后，盯着我手上的豆丝说了一句久未听见了的龙游话："你是龙游的?"我心内立时大惊，心想高人啊，看一眼相貌就知是哪里人，莫非是神仙姐姐下凡? 她见我狐疑，银铃般地笑了起来："喏，是你手里的豆豉出卖了你。"

我翻转着手里的豆豉，难不成这东西就龙游有，别的地方没有? 她似乎看出了我的疑问，咽着口水对我说："这南瓜干做的豆豉只有我们龙游有，别的地方的豆豉都是用来炒肉的霉豆豆，不好吃。"我见她只是盯着豆豉看，两眼还放绿光，怕是馋了，索性掏出一把递给她，她高兴地接了过去，对着我边吃边聊家常，这一聊聊出了感情，俩人慢慢地就走到了一起。同村的伙伴们不服了，都骂我是"骗子"，一把豆豉就"骗"了个老婆回来。我可不由得他们乱说："有本事你们也去骗个试试，关键是本人长得帅，这和豆豉不搭界的!"他们"咦"的一声，作呕吐状跑开了。

人们常说有趣的灵魂万里挑一，好吃的美食在龙游也随处可见，豆豉只不过是其中之一种罢了，不信，你随时可以来尝尝哦。

悠悠豆豉情

赵春媚

　　身为一个地地道道的龙游人，我想伴随每个人长大的传统小吃一定是非豆豉莫属了。外地人一听豆豉，都以为是做豆瓣酱用的豆豉，一开始都表示很不以为然，甚至亲眼所见以后仍旧会觉得这其貌不扬的东西怎么会好吃呢？直到亲口所尝之后，才大呼怎么还有这么美味的小吃。

　　我在读小学的时候，就非常喜欢这种零食。记得当时教我数学的严老师，他妻子就在学校门口开着一爿豆腐块般大小的小店，既卖学习用品，也卖各种零食，其中最抢手的就是一毛钱一包的豆豉了。那又咸又辣的味道，嚼一口还有橘皮的香味，几乎受到了所有同学的热捧。每到下课，就有无数双手抢着去买豆豉，浑水摸鱼中常常要莫名失踪好几包。虽然这导致每一次上课时，严老师都要对我们进行一番思想品德教育，但是他和师母两人却从来没有真正抓过偷拿豆豉的孩子。

　　后来，读了初中、高中，小店里的豆豉依旧是最受我们欢迎的。这时豆豉已经从一毛钱一包变成五毛钱一包的了，常常是一下课就是你方唱罢我登场地去买豆豉吃。无论男女同学之间有什么纠纷、无论有什么天大的矛盾，都可以用几包豆豉来解决。我们中间流行的一句话就是："只要能用豆豉解决的事儿，那就不是事儿！"这里的"事儿"一定要读儿化音哦，因为我们的语文老师就是一个北方的可爱的胖乎乎的老头儿，他呼唤我们所有学生的名字时，总是翘着这顽皮的舌头，卷成一个温暖的儿化音。这儿化音如此动听悦耳，使得这美妙的发音一下子在我们中间流行了

起来，即使是吃豆豉辣得合不拢嘴时，也不忘说话时带上最后一个字的儿化音。

最怀念的就是晚自习时，几个死党偷偷地在桌子下传递着一包包的豆豉，轻轻悄悄地撕开了，一边偷瞄讲台上的老师，一边放进嘴里小心翼翼地嚼着，如果老师眼睛瞄过来了，立刻嘴巴就不动了，然后几个人之间相互会心一笑，这种偷吃的滋味真值得用"最美"来形容。多年以后的同学会，大家想起往事来，依旧会回忆起当时谁最吵闹，谁又最会吃，谁最爱跑腿，谁又最爱笑。

正是因为有了这小小的豆豉，连枯燥乏味的高中生活也变得多姿多彩了起来。

读了大学，它依然是寝室里最受欢迎的小吃之一。每一回收拾行李准备回家，总有无数热爱它的天南地北的朋友千叮咛万嘱咐地叫我多带点来与大家分享——"你记住了哈，就那个辣辣的东西，一定要辣啊，不辣不过瘾。""不要怕多，不要怕难拿，我们会到校门口接你的哈！"

　　于是我只有默默地背回好几斤的豆豉，然后又换回了无数其他地方的好吃的零食，当然也换来了闺蜜之间无话不说的情谊。整个寝室一到晚上熄灯之后，依然会听见一阵阵辣得倒吸冷气的声音，想象得出同学们虽然一个个已经辣得合不拢嘴了，却还是忍不住一块一块往嘴里塞的样子。几句"贪吃鬼"的轻斥，又惹得大家一阵欢笑。

　　最好吃的豆豉当然是妈妈做的。每年夏秋时节，趁着天气好的时候，妈妈都要整理出好多金灿灿、香喷喷的柚子皮、南瓜干用来做豆豉。她先把糯米粉、柚子皮、南瓜干和豆酱、红糖、辣椒等加菜油、盐、味精慢慢搅拌在一起，直至调至黏稠的糊状。接着铺在蒸笼里炊，适时添水，直至蒸汽弥漫了，面糊熟了，变成了一大块的豆豉饼。最后再把豆豉饼摊在竹匾上晒上几个日头，等干透了之后撕成一小块一小块的才算大功告成。

　　晒豆豉的日子就是我们几个馋猫与妈妈斗智斗勇的日子，我们总会忍不住悄悄地伸手去拿竹匾上还未干透的豆豉。为了不让妈妈瞧出端倪，还得这儿掰一块，那儿掰一块的，尽量让竹匾上的豆豉保持均匀。一不小心，被妈妈看见了当然少不了一顿责骂："小心日头毒，要拉肚子的！"

　　"我们知道了！不吃了！"我们一边答应着，一边依旧是屡抓屡犯、屡教不改。真的是从豆豉黏糊糊、软塌塌的状态开始吃到硬邦邦、有嚼劲的为止。看得妈妈是直摇头，也拿我们没办法。

味道里的老味

妈妈做的豆豉，我只要一拿在手上，就感觉嘴里口水有了泛滥之势，赶紧咬一口，又辣又爽又有嚼劲，简直是齿颊生津哇。把它当零食吃，常常是吃得停不下来，经常吃撑了肚子。妈妈还把它加油爆炒了，撒上葱段作为早饭的佐餐小菜。经过一番煎炒的豆豉变得油滋滋、香喷喷的，就凭它，我可以喝下好几碗稀饭。那暖暖的气息顺着喉咙一直滑到心底，口中还残留着豆豉与小葱的香味，再来一口软糯的稀饭，真是齿颊留香啊。

豆豉利用的是平时剩下的橘子皮、柚子皮等原本要丢弃之物，是妈妈们用自己的一双双巧手把它们制作成了美味的零食。先是添加了糯米粉，再经过妈妈双手的反复揉搓，又经过火的蒸煮和大自然的晾晒、炙烤，仿佛每一块豆豉都饱含着风的味道、阳光的味道和爱的味道，怎么能不好吃呢？

如今龙游盛行起各种纯手工制作的豆豉，它们包装精美，装在一个个长长的塑料罐子里或一个个牛皮纸做的食品袋中，贴着各式各样的标签，味道更是分为不辣、微辣、中辣、特辣好几种，在微商或实体店中卖得也是相当火，而且价格也是"噌噌噌"地往上涨。相比之下，还是妈妈自己做的既经济又好吃呀。

这一块块美味的豆豉啊，总是怎么嚼也嚼不够，因为它让我们记住的不仅是它独特的滋味，更有凝聚在它之上的对故乡、对家人、对亲情、对勤俭节约的传统美德的怀念和守望啊。

龙游葱饼

赵春媚

龙游葱饼，用面粉捏成饼加上猪肉、香葱、干辣椒，通过炉中炭火烘烤，出炉的时候，葱饼皮薄酥脆、鲜香扑面，别有风味。葱饼的味道确确实实是相当的好，征服了嘴刁的龙游人以及无数南来北往的食客。

个人认为，最好吃的葱饼在县人民医院旁边，是由一个老伯伯做的。他家的葱饼十分受人欢迎，用供不应求来形容一点也不为过。因为他家的葱饼葱多，也不放酱料，保留了葱原汁原味的香味，所以更显得喷香诱人，甚至离他摊子老远，就能闻到这一阵阵诱人的香，很能勾起人的食欲。他家的葱饼皮也薄，出炉之后，你会发现里面的馅简直是呼之欲出，油滋滋地要渗透出来似的，甚至能隐约地辨认出中间肥瘦相搭的猪肉、碧绿的香葱和红通通的辣椒。

看老伯伯做葱饼也是一种享受。但见他熟练地揪起面团、搓皮、放馅、捏成一个个小饼，然后用擀面杖稍稍碾扁了，在面上涂上一层薄薄的菜油，才极快极稳地抹贴在烤炉内壁里。

站在一旁的你，甚至可以清楚地看到葱饼在炉子里灼烤的全过程。只见它的表层受热后迅速地膨胀，变得饱满起来，热气逼得内部的葱油和馅料交融在一起，香葱及肉末在饼内又迅速地被自己的汤汁蒸熟，而部分油脂会被底层的面皮吸收软化。

应该说，葱饼的表皮是被烤熟的，饼内的肉末和香葱是被蒸熟的，而底面的面皮其实是被烫熟的，整个过程简单却又不失香醇。烤饼的筋道以

味道里的龙游

及浓郁的葱香，表皮的松脆及内馅的香软，共同上演了这一场美妙绝伦的精彩表演，大大地刺激着在等吃的食客们的味蕾，不知不觉中吸引了你唾液腺的分泌，自然而然地直咽口水。不出几分钟，香味四溢，葱饼就可以新鲜出炉了。

刚出炉的葱饼热气腾腾，香气诱人，无论有多烫，你也得趁热吃，因为这是它最美味的时刻。咬上一口，香辣鲜爽，偶尔会有香油流出，让你迫不及待地再咬下一口，唯恐浪费了一点一滴。

口味重的，可以挑选交易城后门的两家烤饼店，她们家的烤饼放了豆瓣酱等酱料，看上去油光滋润、色泽诱人，吃起来，酱香浓郁，与葱香交织在一起，也是别有一番风味。

这几家店的生意都是格外的好，一般都得排队等半个小时以上。如果不巧碰上一些外地游子回来一次性买几百个的话，那你今天就算白跑一趟了，只能空手而回。

你看，龙游不仅有缙云一样的大烤饼，而且还有这赫赫有名的小葱饼，无论是你喜欢吃弥漫着梅干菜味的大烤饼，还是皮薄馅多、香浓可口的小葱饼，你都是可以得到极大的满足的。所以，作为一个龙游人是多么的幸福呀！

解得人间真味道

张益明

一

还记得随母亲采箬叶的情形。天刚泛白，我们就出发，晓风清凉，草间夏虫唧唧，稻田蛙声一片。沿山边小道，穿越大片水田，蹚过一条小溪，到达圣堂山——家乡的一座高山——脚下。太阳刚刚升起，叶片上露珠晶晶亮亮，灌丛下泉水淙淙潺潺，薄薄的轻雾悠悠地飘浮在山壑间。好的箬叶长在半山腰的涧水边。爬上"之"字形的"十八弯拐"，披草攀枝横穿一段山径，便是两山夹峙的深谷。箬竹一丛丛、绿莹莹、挤挤挨挨地长在清涧两旁。谷风习习，不时送来清脆的鸟啼声。

采摘箬叶有很多讲究。母亲说，颜色太深，摸着硬硬的，不要，太老了；颜色太淡，摸着软软的，不要，太嫩了。不要蛮摘，小心割手，手指扣住叶下节蒂，一折就行。母亲左手拢紧几竿细枝，右手在叶片间穿梭，熟练地采下合格的箬叶，塞进系在腰间的布兜。我照着母亲的样子做，或蹲在径旁的矮丛里细细翻寻，或钻进高过人头的密丛中仰面攀摘。最喜那长在涧岸岩缝里的几株箬叶，清翠欲滴如碧玉，倒映在一湾绿水中，极为好看。清冽冽的水漫过脚面，捏稳一枝，轻轻一折，"咯——嗒——"，心里便生出莫名的欢喜。但也会碰到让人惊骇的情景，比如有一次碰到一条竹叶青缠伏在枝叶上，乍一照面，小家伙朝着我昂首吐信，吓得我心脏怦怦乱跳，连连后退。

布兜满了，随手拔几根细柔的长草，将箬叶扎成小小一捆，叠放进"蛇壳袋"。当谷中一面林峦布满阳光时，我的肚子开始咕咕叫了。母亲拿出早上赶做的"绣面粿"给我充饥。把无馅的小麦面糊摊薄、煎熟，再切成条状，绣面粿就做好了。绣面粿制作工艺很简单，名称中却用一"绣"字，而且形状也不像"粿"，这样的命名可真有意思。坐在水边岩石上啃咬绣面粿，掬一捧清泉入喉，此刻，突然感觉到麦香味从未如此浓郁，泉水也竟是如此甘甜。

将箬叶层层压实，等到两个袋子都被装得鼓胀胀的，谷底到处闪耀着明晃晃的阳光时，就可以下山回家了。母亲年长，我抢着挑担子，担子压在肩上，并不十分沉重。母亲在前，分开或挡压住横斜遮道的枝条、荆棘，让我畅通无阻地前行。到"十八弯拐"，母亲说让她挑，我说我行的。母亲说你正长身体，肩膀嫩，经不得重压；弯拐路滑，没经验容易摔倒，危险的。于是，变成我在前开路了。我踢开可安稳落脚处的砂砾，陡峭处，则轻轻托扶前袋，让母亲好走一些。就这样，我和母亲一步一步下得山来。

二

裹粽是盛大的事，端午、过年、结婚、起屋，每逢佳节和喜事，龙游人都要裹粽。糯米和箬叶是早几天就浸在清水里的了。糯米都是自家生产的，在那个还是仅得温饱的年代，种糯稻并不经济，甚至有点奢侈，因为它产量不高，但家家都会种上一畦，以备节庆之需。豌豆成熟时节，几乎每家都会做焖豌豆糯米饭，算是辛苦年光里的一点犒赏，也正好给孩子解解馋。用龙游话说豌豆，音如"随豆"。"龙游第一饭，猪肉随豆糯米饭！"每当在街上听到这响亮的叫卖声，我的脑海里就会浮现出小时候站在灶头边，拿着碗筷，眼巴巴等待开锅的情景。这一声粗豪的吆喝，大概能勾起很多龙游人对儿时生活的回忆吧。浸泡好的糯米莹白如玉、光洁饱满，色相绝佳。晒干的箬叶在清水中"复活"了，再度变得舒展、净润、挺括，枯黄色也被还原成了生命的绿色。阳光的洗礼加持，使得箬叶别有

一股清香的味道。

　　一家裹粽，就会有三四邻人前来帮忙。肥瘦相间的肉被切成了规整、细长的条形，芋头则被切成了小小的块状，骨头也已被"治理整顿"完毕（可以裹成胖胖的"骨头粽"）。给糯米拌料的时候，自家酿的豆瓣酱倒入多少，才能调制出最佳味道，她们心中有数，出手十分从容。大家一边忙碌，一边谈笑，夸主人家豆酱味美、馅肉厚实，或者说些邻里趣事、村中闲话，屋里充满欢快活泼的空气。

　　开始裹粽了。首先要剪去箬叶两端的硬梗和尖头，这任务常常分配给我。然后把两片叶子一半相叠，折成小船模样，铺上一层糯米，放入肉条和芋块，再撒上一层糯米，覆上第三张叶片。接着压实两端，使四角突出，一手抽取团成球形的棕榈细绳，快速将粽子绕圈捆扎，一手捏握粽身，使之更为紧实。一只只精巧的粽子就在一双双灵巧的手上不断被创造了出来。"多放肉，这么多，用不完呢！"主人常这样说着。"多着呢，再多就变大肚皮粽了，难看的！"屋里就又充满了她们爽朗的笑声。

　　我们男孩可学不会裹粽，被赶去烧火，待空气里飘起缕缕杂合着箬叶、糯米和肉味的清香，总忍不住一次次掀开锅盖去看粽子烧到怎样的程度了。大人就总喊："嗳！还没熟哪！"等待粽子煮熟的过程可真够漫长的。

结棕榈绳是我们男子最喜欢做的事。我家门口就有一株棕榈树。砍下扇子似的叶片，先将皱褶成剑形的裂片一一撕开，再将去"骨"的裂片撕成更细的长条线，最后将细线一一绾结，就成了棕绳。撕棕榈叶的时候，那发出的"吱——唑——"声，如音乐般动听。也因为用箬叶包裹用棕榈叶捆扎，粽子才有了清香的味道。

"刚裹的粽子，送几个给侬尝尝，裹得不好，侬不要嫌怪。""样客气！样漂亮咯粽！肯定好吃的哇！我家里也裹呗，侬带两个（龙游话"两"是多的意思）吃吃看撒（龙游话"撒"，句末语气词）。"这是两家人在互赠粽子，话里满是热情，脸上都是微笑。赞叹对方粽子做得细巧，感激对方向来的照顾。于是大家可以赏鉴、品尝各家不同的粽子，有胖胖的三角粽，有细长的四角粽，有霉干菜肉粽，有芋头肉粽，还有蘸白糖吃的灰碱粽……村里的孤寡老人收到的粽子最多，有时候会吃不完变馊，老人很心疼，逢人便说："可惜哟！隔壁邻舍都样么好！真真不消送样多咯喏！"

三

这些事，仿如发生在昨日，但其实已经过去三十年了。

如今，圣堂山正在开发成为旅游地，听说可从另一面山坡驱车至山

顶。某个周末，约上朋友一家，就兴冲冲地去了。车刚爬上岭脚，妻子和孩子就开始惊叫，坚决要求下车。再往前走，山道岩块突兀，路面坑洼，弯急坡陡，不敢再往前，只好败兴而返。本次出游，原想重游箬叶谷，顺便给女儿讲当年采箬的趣事，到这时，也只好作罢了。

过年前，家家户户裹粽的盛况早已不见了，过年的吃食太丰富，裹粽又是麻烦事，很多人家就不裹了。但母亲还是年年裹，只是裹得少了，一个人忙碌一上午就完成。比之三十年前，裹粽的整个程序变得简便多了，箬叶、糯米是买的，棕榈绳改为细绒线，只有馅料还是粗朴、经典的鲜肉夹芋头。这次裹粽，母亲把妻子拉上了，妻子有些羞涩地笑："我不会裹。"母亲说："我教你，简单的，等我们不在了，这些活就要交给你了……"

妻子是北乡人，因此也就时常吃到北乡粽。南乡粽细长、精致，连捆扎的线路都匀称、齐整；北乡粽粗短、豪放，多出的箬叶边角也任其"峥嵘"。南乡的茂林修竹、清流急湍造就了南乡人的清秀、灵婉，北乡的岩峦嶙峋、丘陵平缓造就了北乡人的耿介、豪爽，一如他们的粽子。水土堪养人，食物有性格，信然。

外出旅游，只要遇到有粽子卖，我总会情不自禁地停下脚步。"看，这里也有粽子。"惊喜之情溢于言表。"你以为只有龙游有粽子啊，快买一个，尝尝和龙游的味道有什么不一样。"妻女笑着打趣。于是又尝到了龙游之外的粽子：四角形小巧的嘉兴粽，色泽金黄油亮，可惜太腻了；金字塔形端正的上海粽，馅料丰富讲究，可惜味太杂了；方锥形巨大的海南粽，咸鱼、鸡翅皆可入味，但竟然是用柊叶包裹的。异地的粽子不是不好吃，然而我总是顽固地要将它们与故乡的味道作一番对比，那个留存在记忆中的家乡味道如此真切、恒久、缠绵。记得韩少功曾讲过："时光总是把过去的日子冲洗得熠熠闪光，引人回望。"我们在回望中，收获感悟，懂得珍惜，粽子的味道也只有在回望中更显隽永、醇厚。龙游味的粽子萃取了故乡的阳光空气、山光水色、嘉木草禾，是香的；凝聚着乡人的辛劳智慧、风俗民情、一往深情，是暖的。

"三十年河东，三十年河西"，中国人以三十年为一世，这映衬着传统的中国式智慧。时代虽然时时刻刻经历着风云变幻，但却也有不变的接续和传承贯穿其中。三十年前有肉则欢，三十年后却以素食为乐。肉和素是物质，是外在；欢和乐是心灵，是内在。后者才是人类永恒的追求和终极的皈依。美食之美，不仅仅在于口腹的满足，更在乎生活的温度、情感的寄托、文化的守护。我想，这才是人间的真味吧。龙游粽子，就是这样一种清香可口、温暖人心的人间真味！

端午粽

邓根林

  提起我们中华民族的传统节日——端午节，喜欢美食的我，最先想到的是粽子，那是母亲亲手包裹的端午粽，带着箬叶的幽幽清香，裹着浓浓的亲情，始终萦绕在我的心头，挥之不去……

  父母第一次远道给我送端午粽，是在我要参加高考的那一年。

  端午那天，正赶上江南的梅雨季节。天公不作美，竟然一连下了四天四夜的大暴雨，学校旁边的那条窄窄的小溪，河水暴涨，两岸的农田成了一片汪洋。通往学校的那条唯一的小木桥，在洪水中，摇摇欲坠。学校下了死命令：端午节谁都不准过桥回家。我想，学校离家有二十多公里，公路有不少路段已经被洪水冲毁，公共汽车也已经停开。看来，今年的端午节怕是吃不到母亲亲手裹的端午粽了。没想到，临近放学的时候，一个头戴笠帽、身穿蓑衣的熟悉身影出现在了我们的教室门口——来人竟然是父亲。我马上跑出教室，来到走廊，看到父亲穿着蓑衣，全身都湿透了，那绾得很高很高的裤脚，还在哗哗地淌水，很快湿了半个走廊。父亲看到我出来，连忙用那双满是老茧的手，抹了一把脸上的雨水，对我笑笑，接着从怀里掏出一个小包，塞进我的手里。我疑惑地打开一看，竟然是两个粽子！看看落汤鸡样的父亲，想想小溪上那摇摇欲坠的小木桥，我第一次对父亲发了火：这么大的雨，那么急的洪水，跑二十多公里的路，就为了送两个粽子？值吗?！父亲低下头，像一个懂事而又知道自己做错了事的小孩子，一言不发，傻傻地站在一旁，看着我吃下了带着他体温的芋头粽

味道里的光阴

子，甜甜地笑着，开心地走了……

父母第一次寄端午粽给我，是在我刚刚参加工作那年的端午节。

那时候，我们青工宿舍里住了四个像我一样的"快乐单身汉"。端午节那天，大家都不愿回家，我们四个人就聚在一起会餐，吃田螺、喝啤酒、侃大山……正在兴头上，邮递员在楼下大呼小叫地喊我的名字，让我签收邮件。我下了楼，邮递员递给我一个包裹。我愣了好一会——我从来没有收到过什么包裹，这会是谁寄来的呢？里面装的是什么好东西？我兴奋地打开一看：里面竟然是四只端午粽！见此情景，同事个个笑得前仰后合，喘不过气来。我因此觉得特尴尬，特难堪，觉得父亲让我丢尽了颜面。晚上，我第一次好好地坐下来，摊开信纸，给父亲上了一堂勤俭节约的"教育课"——生活，要学会精打细算，那几个端午粽值多少钱？几百公里的邮费要多少钱？还是生产队的小会计呢，这样的经济账都不会算，岂不让人笑掉牙?!

后来，我成了家，在城里扎了根。父亲母亲在每年的端午节，仍然给我送端午粽。有时父亲来，有时母亲来，有时两人一起来，实在脱不开身就托熟人带，从未间断过。因此，二十多年过去了，我们夫妻一直都没有机会学习包粽子。可是，每次收到父母的端午粽，我们都要埋怨父母，缺少经济头脑，不会算经济账：那么几个端午粽能值多少钱？那一百多公里的路程，来回的车票得花多少钱？那邮寄费，满可以让我们在城里买上一

美
食
记
忆

大筐粽子了！听着我的数落，父母总是一言不发，从来不辩解，从来不反驳，只在一旁呆呆地站着、傻傻地笑着、甜甜地看着我们吃他们带来的端午粽……过了年，又到端午节，他们仍一如既往地为我们送来他们亲手包裹的端午粽——他们早已经把我们的指责忘到九霄云外去了……

去年，儿子高中毕业，进了大学校园。我们与儿子见面的机会相对少了，平时也只能在电话里聊聊天，话也少了，于是我们的心里悄然升起一种从来没有过的失落感。一晃又到了端午节。那天，我们又如期收到了父母托人送来的端午粽。看到了端午粽，妻子马上想起了在学校里的儿子，当即拨通了儿子的手机，试探着说要给他送端午粽去。儿子在电话里当即拒绝说，没那个必要，粽子学校食堂天天有卖，一年到头，什么时候都可以吃上……搁下电话，妻子眼里竟然盈满了泪水，跟着一滴一滴地掉了下来。我很奇怪，一向性格倔强的妻子，怎么会那么轻易地掉眼泪？就为这事，妻子难过了好几天。

看到妻子那怅然若失的样子，我心里忽然明白了，父母为什么那么固执，不顾我们的坚决反对，一如既往地给我们送端午粽的缘由了：贵重的不是粽子本身，而是寄托在粽子上的父母对儿女的一片深情；他们带来的不是简单的粽子，还有对子女无尽的思念和绵绵的关爱！

为人父母的，总觉得自己是一把晴雨伞，无论天雨天晴，都要罩在儿女们的头顶上，为他们遮风挡雨。他们不管儿女是否长大，也不管这把伞是否已经太小，能不能罩住他们，可他们依然觉得这把伞可以撑在儿女们的头顶……

人与人之间的关爱是微妙的，特别是亲情之爱。

人一旦上了年纪，最怕的就是那种没有用的感觉，看着儿女们长大了，成家立业了，父母的第一感觉就是自己老了。作为子女，我们任何时候都不能忘记父母，应该处处孝敬父母。因为，我们一辈子可以有许多选择，但是，我们不能选择父母，那上帝赐给我们的血缘关系，无论何时，无论何地，无论贫穷还是富有，我们都不能忘了对父母的孝顺。但是，孝顺不是简单的付出，不只是给点钱、送点礼品那样简单。我们也可以在适当的时候，向父母小小地索取一下，哪怕是一把青菜、一瓶霉豆腐、一坛咸菜、几个他们亲手包裹的粽子……满足一下父母老有所为的心愿。要知道，让他们觉得他们依然有用，那可是父母感情上最大的慰藉。

我们要爱护父母，我们也要给父母爱我们的机会，适当地接受父母的给予，让他们尽情流露关怀儿女的满足感，实现他们的父母心，成全他们那份浓浓的关爱！

美
食
记
忆

想念灰汁粽

王曙静

粽子香，香厨房。艾叶香，香满堂。

桃枝插在大门上，出门一望麦儿黄。

这儿端阳，那儿端阳，处处都端阳。

一年一度的端午节即将到来，"每逢佳节倍思亲"的小伙伴们，您上哪儿寻找端午的念想与乡愁呢？

朋友小楼说自从他在朋友圈里发他吃丈母娘家粽子的照片，现在都快"疯"了，不停地有朋友要求购买，他丈母娘只好天天做粽子。于是，我们驱车赶往沐尘乡梧村，前去一探究竟。只见主人家已经有一批粽子在锅上煮了，吃货心切，忍不住掀开了锅盖，顿时惊住了：细长的粽子竟然跟一堆树叶煮在一起！这是怎么回事？

女主人朱大姐灿烂地笑起来说："这是糖粽，用黄金柴泡的糯米。"她用锅铲和筷子从树叶中翻出一个，我迫不及待地接了，虽然烫手，但还是熟练地剥了皮。哇，金灿灿的，真叫人喜欢，经高温煮沸后的粽叶和糯米散发着沁人的香气，咬上一口，热气中的清香更盛，口舌在翻腾中陶醉了。

黄金柴为何物？为什么要用黄金柴？朱阿姨告诉我们，黄金柴是一种树，其树叶是天然染料（有的地方也叫甜柴、黄精蓬之类的，都是方言记音）。将其叶子洗净，在锅里煮上五小时后，把糯米在其汤汁中泡上一

味道里的老娘

夜，白白的糯米就成了金灿灿的，为什么要这样做呢？朱阿姨说："经黄金柴浸泡后的糯米更软更糯。"

糖粽，其中的糖料也是有讲究的。红糖和面粉按一定比例搅拌后，用油炒上十几分钟，搓成匀称的条状。拣上两三片浸泡了一天一夜的粽叶，一手轻托着粽叶，抓一把糯米均匀地撒在上面，将糖条搁置其间，再撒上少许糯米覆盖其上。此时，巧妇手中已如握着一叶温婉小舟。再盖上一片粽叶，轻轻巧巧地折上几折，拉紧草绳或红线绕上十几圈，可爱娇美的粽子就完成了。

厨房里香气缭绕，忙碌的身影，金黄金黄的颜色，某个瞬间似乎与童年的场景重叠了。那是一种清雅馥郁的味道，金灿灿的三棱形，蘸上一口糖，哇，真的清甜无比，回味无穷，这是记忆中的灰汁粽。依稀记得母亲将几把稻草一把豆秸烧成灰，又不急着煮的闲适样子，她说要让它在地上晾几天接接"地气"，待到不热不燥了，再放在水里煮上几个小时，经多次过滤后，再用来浸糯米。灰汁粽因碱性重，黏性强，吃起来特别可口绵软，也比较便于保存。小时候偏爱灰汁粽，看着父母把成串成串的灰汁粽挂在梁上，往后的日子便多了一份踮起脚尖盼望的守候。

"快来尝尝，这是赤豆粽，这是骨头粽。"朱阿姨热情地介绍着她的粽子。天真的孩子们在院子里欢闹，脖子上都已戴着鲜艳的香囊，衬托着稚嫩的脸庞和好奇的眼神更显得天真无邪。

很多户人家门上已插有艾叶和蒲草，这是辟邪、驱虫、保平安的，关于蒲草还有一个遥远的传说。唐末黄巢起义的时候，黄巢的一位好友向他请教如何避开他的"十里刀锋"，以保证人身和财产安全。黄巢告诉他只要门上插上蒲草就能避开。这位朋友非常好心，把这个方法告诉了邻里乡亲。很快，许多地方的老百姓便纷纷效仿起来，插艾草辟邪，插蒲草保平安，这个习俗就这样流传了下来。

因现在农家稻草保存较少，灰汁做起来时间长，且现在家家有冰箱，没有保存的问题，做灰汁粽的人家已经很少很少了。没吃到小时候的古方灰汁粽，很是遗憾。也许，怀念中的，才是最好的！

味道里的老胚

母亲的汤圆

陈时伟

今天是我的生日，母亲的受难日。最近一段时间以来，随着生日一天天临近，内心越来越强烈地想写点关于母亲的文字。一直想不好该怎么写，想到母亲生前和父亲还有我们六个兄弟姐妹在一起的日子，总觉得能写的、该写的片段太多太多了，但一拿起笔，却竟然无从入手。凝神想了想，还是用我们一家人最爱吃的汤圆来祭奠悄然逝去的岁月吧！

四年前的正月廿八，母亲终因折磨数年的病痛离开了我们一家人，享年七十五岁。母亲临终前因为疾病的折磨已不成人形，现在回想起来，仍让我心痛不已。父母双亲含辛茹苦地养育我们兄弟姐妹六人，可以说是费尽了心血，尤其是母亲，她瘦弱的肩膀，承担起了绝大部分的家务劳动。是的，母亲身上闪现着千千万万中国劳动妇女的美德。

小时候，虽然物资匮乏，生活贫困，母亲仍会想方设法偶尔改善一下我们的伙食，汤圆是我们全家人公认的所有美食中的最爱，没有之一。我的老家在东阳南马，那里的汤圆可不同于现今超市里出售的汤圆，最大的区别在于馅的不同。现在超市卖的汤圆通常是甜的，但我老家的汤圆却是咸的，馅一般是用瘦七肥三的猪肉加工而成，也有用煎好的鸡蛋剁碎做成的，有的也会于猪肉中掺部分老豆腐或者别的素菜。我个人以为最上等的馅料，应该是油渣剁碎加盐卤烤豆腐，再加上煎鸡蛋，其他馅料也可因个人喜好而定，但葱白是断不能少的。汤圆馅里加入自家自留地里种的香葱，那味道是格外的香。由于物质条件所限，小时候家人的伙食十分简单，能让全家人吃饱肚子，母亲就已经要绞尽脑汁了，遇到特殊的时节，难得包一顿汤圆，一家人便会胃口大开，食量比平时增加不少。母亲自然晓得这个道理，所以每一次包汤圆的时候，母亲都会包得特别多。打个比方吧，平常米饭吃个半斤就能饱的我，吃汤圆的时候能吃它个七八两。母亲包的汤圆个头特别大，馅也特别多，大约有现今超市买的四个那么大，我们家大号的碗只能装八个。

包汤圆是很费时的行当。首先要将洗好的肉切细剁碎，你想，包八个人吃的汤圆得多少肉，将它切细剁碎要花许多工夫；然后掺入切碎的盐卤烤豆腐干、葱白等，再拌入适量的盐和作料，搅拌均匀。制作馅料的过程费力耗时，所有工序都是母亲一个人亲力亲为，父亲和三个姐姐各有各的事。馅料制作完成以后接着开始和面团，取"八月米"粉（类似发酵的米粉），加温水微微烫热，再一点点反复搓成面团，等黏稠度在双手的自然运作下感觉不粘手了，轻轻摔打已觉富有弹性，面团就算搓好了。汤圆的做法也讲究，必须将糯米团搓成一个小圆球，捏出一个凹形的样子，皮要薄，要均匀，软硬度要适中，再嵌进馅料，将口子弥合，放在手心一点点搓圆，方才大功告成。

等汤圆包得差不多接近尾声时，母亲会喊放了学在她身边转来转去的我："阿伟，开始烧火吧。"这时我会迫不及待地进灶间点火烧水，等锅里的水烧开，母亲把汤圆下到锅里；等水再次烧开，母亲便用木勺子从水缸里舀上半勺水倒入烧沸的锅水里，如此反复三次，当汤圆悉数浮起时，即可起锅。那汤圆在锅里浮浮沉沉，很像什么小动物在游泳的样子，一个个圆润饱满，令人馋涎欲滴。在汤圆沸腾的间隙，母亲会在灶台上排好六大二小的八个碗（弟弟妹妹的碗要小个点），在每个碗里放入猪油、酱油和葱花，然后舀上一瓢锅里的汤水，再将汤圆舀进碗里。母亲偏心，总是把第一碗舀好的汤圆给我。

我们老家邻居们，喜欢吃饭的时候聚集在一个开阔地，一边吃一边聊些家长里短的八卦。端起热气腾腾的汤圆，我边吃边往外走，咬上一口，又烫又滑，黏而不腻，瞬间齿颊留香，一股咸汤圆特有的气味弥漫在了整个天地间！我端着碗出来，家人们也会陆续跟着出来。我们家吃汤圆的日

味道里的老味

子里，总会有几个邻居家的小孩子，跟屁虫似的跟着我，怎么撵都不肯走。每当这个时候，母亲总会招呼孩子们到她面前，从她碗里拨几个汤圆给小孩，孩子们的母亲会让他们冲母亲喊两声"谢谢"，而我会冲着那几个小孩白上两眼。

长大以后，我离开家乡去念高中、读大学，后来又到了衢州工作，家乡离我渐行渐远，吃一回母亲亲手包的汤圆也变成了一种奢望。再后来，娶妻生女，逢年过节携妻带女回家探望母亲，母亲兴致上来，也会包一顿汤圆给我解解馋。老婆和女儿咬上一口，惊呼："好吃！"这时候，站在边上看我们吃汤圆的母亲，总会露出满足的笑容。

离开家乡多年，不经意间总会想起家乡的人和事，午夜梦回常常问自己，是什么让人如此眷恋家乡？是那些山山水水、一草一木，还是父老乡亲、兄弟姐妹？……忆家乡，最忆是汤圆。当然，随着时代的进步和社会的发展，市场上各种各样知名不知名的小吃越来越丰富，偶尔也会在饭店里吃到类似的汤圆，但饭店里的汤圆怎么能够和母亲的汤圆相比！饭店里的汤圆可说是"徒有其形"，而母亲的汤圆，却是饱含着她的体温的！

虽然母亲离开我们四年多了，但我仍然经常忆起母亲不经意间的一颦一笑，那过去的悠悠岁月，恍如昨日，各种记忆碎片中的生活场景，依然历历在目。愿母亲在天堂一切安好，我们永远怀念您！

北乡圆粿

余怀根

在龙游，衢江以北叫作北乡。北乡人戏称自己"中国北乡，龙游浙江"，显得很自豪。明代《石峰余氏家谱》记载："天泽爱衢属之龙丘濲北石峰地方，山明水秀，携家属而卜筑兹土石峰之西隅。相离半里许，有一烟村，名上余者，山不高而秀雅，地不俗而清幽，幽可伏龙，雅堪西凤。"有诗云："山有飞凤自葱茏，形势潜藏列数峰。羽翼生成皆木露，如同石佛著芳丛。"

北乡地域辽阔、物产丰富，传统美食品种很多。而大多数人都认可这一说法——北乡美食以圆粿为冠。从明代后期开始，北乡的家家户户，在农历十二月廿四，为了感谢神仙老佛的指点，都要搓圆粿当祭品，祭拜老佛，遂成风俗，传承至今。根据古书的描述，这一天，村民们一定会想方设法买猪肉、做豆腐、挖冬笋、下地拔葱蒜，做出大大小小的圆粿。圆粿圆圆，寓意美满幸福、事事顺利，或供奉于祠堂、或拜祭于祖坟、或供于灶台、或摆于村口。这一天也正是灶君上天呈善事的日子，为了糊住灶王爷的嘴，让灶王爷上天呈善事，多说人间的好话，那用糯米做出来的圆粿就成了最理想的祭品。当然，在祭祀仪式完成之后，这些味道鲜美的圆粿，最终是要进入人们的肚子里的。

北乡圆粿的制作过程极其复杂，耗时耗力，工序繁多，现整理其要点如下。

浸米。圆粿所用的米粉有一个专用的名字叫"七日粉"。这种米粉的制作很特别，三伏天正是一年中气温最高的季节，家庭主妇取出上年秋收留下的上好糯米，剔除杂物，放入木桶或水缸里，灌满井水，连续浸泡七天七夜，然后捞起，清水沥干，无异味。放进石磨，磨成米粉浆。接着在竹筐里垫上滤布，滤干水分，把粉块放到竹匾上，在烈日下暴晒七天。再经过石磨，磨成细粉，"七日粉"才算大功告成。"七日粉"易于保存，取用方便。

炒制馅料。以猪肉，豆腐为主料，切成颗粒状，虾仁、鸡肉辅之，其他馅料随时令季节变化有所不同，如萝卜、冬笋、笋干、嫩南瓜、青豆、冬瓜等普通蔬菜，都可以做圆粿的食材。加香葱、大蒜、生姜、辣椒炒熟备用。

揉粉。先把"七日粉"倒入盆里，然后一边加温开水，一边和粉搅拌，揉搓，直到把松散的米粉和成一坨光溜溜的粉团。和粉的用水很有讲究，不能用滚烫的开水，水太热，米粉就直接熟了搓不成圆粿皮；水太凉，粉皮的硬度虽然也有，也可以包成圆粿，但是这样的米粉包出来的圆

粿，一下锅就会皮开馅漏，那样一锅好看的圆粿马上就成了一锅米粉糊。

搓圆粿。先从大粉团上掐下一个小粉团，搓成一个圆球，左手托住，右手大拇指在中间的位置摁下一个洞，其他手指配合着大拇指在粉团周边的地方如做陶碗一样，把粉团捏成酒盅状，四周粉皮厚薄均匀，没有破洞，然后再用勺子往里面加馅，再给小酒盅一样的圆粿收口。收口是一个技术活，不同于给包子收口，包子用手指，圆粿收口靠的是虎口，一路过去，收口才光洁平滑，最后留住一个尖尖的小尾巴，像个桃子。

煮圆粿。圆粿下锅也有讲究，得先把锅里的水烧开，然后把圆粿一个个放入锅里，开始的时候，圆粿都沉在水底，随着水温的升高，圆粿的粉皮会从外到内渐渐地熟透。由于圆粿是一个密封的球状体，里面的空气受热膨胀，不久就变得圆鼓鼓的，然后一个个浮出水面，这时候，圆粿就可以装碗了。圆粿装进青花瓷大碗，再浇上由葱蒜酱油等调味品配制的汤料，撒上一把葱花，好客的主人就把一碗浓香扑鼻的圆粿端到了你的面前，让你垂涎欲滴。

北乡圆粿，形状与汤圆相似，糯而不黏，香软可口，粉皮劲道，是人见人爱的特色美食。它洁白，有视觉上的美；它柔软，有触觉上的美；它香淡，有味觉上的美。乡人胡琨为康熙三十六年（1697年）武进士，曾任重庆总兵。他赞誉家乡的圆粿，玉洁持身和谐处世、冰清本质淡泊生活。

世事变迁，沧海桑田。北乡圆粿，如今不再是过年的祭品，而成了一年四季皆可口享用的乡村美食。

石佛乃北乡大村，徐为主姓，是徐偃王后裔一脉的聚居地。村里有明代建筑"行素堂"，蕴含着主人丰富的审美感觉和精神寄托。该建筑位于古村中心，地势较高。坐北朝南，三进三开间的结构。砖雕门楼，门楣上有楷书"华萼相辉"四字，墙面有彩、墨绘壁画，构件木雕精美。每年腊月二十四，是龙游人的小年夜，每逢此日，村民都会团聚于此，操办一年一度的搓圆粿大赛。男女老少齐上阵，热热闹闹迎新春，既是对先祖的追思，也有对来年丰收的企盼。团团圆圆、和和美美，其乐无穷尽焉。

味道里的老底

小年夜的味道

李　红

腊月廿四，是中国人过小年的日子。

北乡人过小年的仪式特别隆重，因为这一天是灶君上天汇报工作的日子，为了糊住灶王爷的嘴，让灶王爷多说人间的好话，也为了感谢神仙老佛的指点，家家户户都要搓圆粿当祭品，祭拜老佛、祭拜先祖。圆粿圆圆，象征着家人团圆。小年夜，无论离家多远的游子都得赶回家来，吃下这热乎软糯的圆粿，一颗漂泊的心才安定了、圆满了。

城里人喜欢把北乡圆粿叫作汤团，但我总觉得"汤团"这个名字太委屈它了。单说圆粿的个头，就远不是超市里那些名声大、个头小的"五丰""思念"之属能比得了的。北乡圆粿个个胖大滚圆，一只五寸碗盛三个就满了。大概是北乡人粗放豪爽的天性使然吧，婆婆总嫌从超市买来的汤团小："格勒子样！小气！"所以每当我的娘家亲戚惊呼"从没见过嘎大的汤团"时，我都要严肃地纠正："圆粿！圆粿！"吃汤团时可以翘起兰花指，把勺子慢慢地送到嘴边，小口小口地嗫；而吃圆粿是必定装不来斯文的，嘴巴必须要撑到最大，啊呜一口咬上去，要不然馅料就全撒到汤里，捞不起来了。

再说圆粿的皮子。超市买来的汤团皮子入口虽说也是香糯柔软的，但总不及北乡圆粿那样滑韧劲道。搓圆粿的皮子必须用北乡人专用的"七日粉"。晒粉很有讲究，要在暑天，用当年新收的糯米，放在井水里浸泡七天七夜，用石磨磨成米浆，滤水后压成粉团，在大日头底下连晒七天，再掰碎、碾细才算完成。若是中间遭一两个阴雨天，沤着了，那这一年的粉就"凄塌塌"的，失了韧劲了。所以北乡人很介意七日粉的好坏，认为这也预兆着当年的运气是否顺当。

我婆婆是地道的北乡人，很看重过小年。头一天就做好了两板豆腐，用来拌圆粿馅。翌日天不亮就起床，剥冬笋，刨萝卜丝，切肉末，切葱蒜，吃早饭前就炒好了馅料，放一边晾凉。那馅料鲜香糯润，引得我直流口水；老公时不时要凑过来帮我们"鉴定一下"咸淡，伺机蘸一点在手指上砸吧。

然后是和粉。往粉里加热水，一边加水一边搅拌，直至把散粉抟成光溜溜的一团。这一步极其关键，婆婆说既不能用滚水，也不能用冷水，要八十摄氏度左右的热水。滚水会把粉泡熟了，软塌塌地搓不成形；冷水和粉硬度是够了，但搓好的圆粿还没落锅就开裂露馅了，除非搓一个落一个，这又怎么可能呢。我寻思着是不是要拿支温度计来量一下水温，婆婆直接用手探了探，很淡定地告诉我："毛估估就好了哇！"接下来开搓。从大粉团上掐下鸡蛋大的一块，搓成球，用左手心托住，右手大拇指在中间位置摁一个洞，继续往周边往深处挖，同时另外四指在洞外不停转捏，就像做陶器一样，直至粉团呈酒盅状，而四壁必须薄而不破。我的天！这太考验手掌和五指间的协调度与灵巧度了，弹琴都没这么难！我不是搓得太厚，就是"破壁"了，得打补丁，要么就是口子摊得太大，收不拢了。这收口也是个技术活，我看婆婆塞好馅料，把口子夹在虎口处，轻轻巧巧一路揉搓过去，口子收得干净光洁，最后留像小蝌蚪尾巴那样的一绺尖尖头。可惜我做的圆粿造型各异，有的像扁扁的荸荠，有的像凹进又凸出的土豆，一点都不像婆婆做的那样圆润匀称。她嫌我越帮越忙，等于是"拆烂污"了，又不好拂了我高涨的学习热情，就总支使我干些毫无技术含量的活，挨个打电话问问客人几点钟到啦，数一数搓好了几个啦……再数数看啦……这样才能让我少糟点料。

快吃晚饭的时候，忙碌了一天的婆婆已经搓了有两百多个了。婆婆很有准头，粉、馅配比刚刚好！姐姐妹妹、七姑八姨都拖家带口地陆续到了，足足三十号人！比吃年夜饭还热闹！他们得有多爱我家的圆粿哟！公婆俩体面得合不拢嘴了。男人们都站在门口"拉天"，女人小孩就喜欢挤挤挨挨地等在灶旁看圆粿落锅。大锅水开了，圆粿们扑通扑通落锅，像一

群"小洋鸭"在水里游，等它们开始在沸腾的水里翻滚，婆婆把大火改为小火，拿笊篱在锅中轻轻推，以防圆粿粘锅底。等到圆粿个个膨胀浮起来，就可以出锅了。我发现锅里没有一个我的作品，手指着锅正要问出口，婆婆就讪笑着说："你搓的明早再吃，明早再吃！"嗯哼，明早没客人，原来是怕我的手艺太差，折损了她的名气哪！

人太多了，大家干脆撤了凳子，围站在餐桌四周吃；餐桌上没有饭店里的那种转盘，够不着对面的小菜和调料了，大家就自动绕着桌子转圈，胃口更是大开，说说笑笑，歇歇吃吃。这么大的圆粿，我吃四个就撑了。有个后生竟然一气吞了十二个，吃得都满到喉咙口了，可是眼睛还没饱，说出去荡一圈，歇个力，回来再吃两个。

腊月廿四，吃了圆粿就算小团圆了。接下来是年关，切冻米糖、炒八宝菜、发炊糕、裹粽子、夹馒头……按这个节奏准备起来，手忙忙，口忙忙，忙完了就过年啦！

照老规矩，北乡人的媳妇过门时都会被婆婆测一测是否能干，测试题目之一就是搓圆粿。而我当年仗着是城里人，得以免去了这项考验。就这么一年年地被优待、纵容着过来，这么些过年的活计我都不用沾手，只负责"口忙忙"就好了。现在，我、我的孩子，还能在年关里巴望着奶奶的圆粿、外婆的发糕，咀嚼着家的味道、年的味道。可是，等到将来，我的孩子、我孩子的孩子，要到哪里去等候、咀嚼这幸福的年味呢？嗯嗯，我至少要学会搓圆粿先！

龙游汤团

慧一文

　　从湖镇回来经过通驷桥，我看见一小伙捧着一束花匆匆地走过，才恍然想起今日是七夕，空气中也似乎弥漫了一丝浪漫的味道，我与妻相视一笑："要么我们今天去衢城转转？"我的提议得到了她的认可。

　　赶到衢州这座悠闲的城市时已近黄昏，夕阳缓缓地沉了下去，云彩夹进了天空湛蓝色的诗页里，一会儿棉白色，一会儿金黄色，一会儿半紫半黄，一会儿半灰半红。在这变幻无穷的晚霞的陪伴下，我们沿着上下街一路闲逛。

　　霓虹灯悄悄亮起，前方跳闪的一块招牌吸引了我们的目光，挥洒自如的"衢州小吃"四字格外诱人，尤其是写意的"衢"字，笔画中精巧地融合了衢州地区特色美食"鸭头"和"兔头"的元素，呈现出独具特色的小吃文化意象。看来今晚又可以大快朵颐了。

　　好奇心驱使我们步入小店。店内悬挂着装有几株绿色植物的玻璃吊瓶，随风轻摇摆动，清新浪漫的装修风格极为适合情人们悠闲地享受美食。我发现店里有大部分的衢州特色小吃，美味让我俩不知如何选择。当然，龙游汤团依然是我的最爱。

　　一刻钟后，服务生将龙游汤团端在了我们面前。龙游汤团确实大，五个汤团就已是满满的一碗，足够两人分享。水滴形的汤团半浮在汤汁中，清香飘逸，再舀一点"衢州小吃"自家做的辣酱拌匀，咬上一口，面皮又薄又透又有些韧性，露出细细的笋干丝，中间夹着些软嫩的豆干，青绿的小葱伴着肉末，一并进到嘴里，口腔里简直就像在演奏一场味蕾交响曲，整颗汤团口感鲜咸软糯，十分有层次感。享受美食真是一种幸福。

美食面前，总有所思，轻轻咀嚼，慢慢回味……

妻看我发呆的样子，问道："又想起什么了？"

"哦！我想起有一次陪别人相亲时吃过的龙游汤团。"我解释道。

"不妨讲来听听？"妻笑着说。

那年，也是初秋。我平时为人豪气，也有些酒量，常被请去充当迎亲主力，偶尔也会陪人去相亲。这不，施程同学谈了近一年的女朋友提出她父母想见见他，他是又惊又喜，来找我帮忙。

这个施程，是浙大高才生，人长得和风细雨，很是秀气。如果说他的缺点，除了不善言辞，就是害羞，他找我就是为了给他壮胆的！

那天，六点还不到，我还在睡梦中，他就"咚咚咚"地来敲门。人哪，真是当事者迷。我问他，你这么早出发，是去相亲还是去卖小猪？所以拖到七点半，我俩才骑着自行车从龙游出发。当然，自行车后面还挂着两盒"吾老七"、两条茶花烟和两瓶"古井贡"。

抵达泽随已是上午九点。泽随是一个古村落，村庄里尽是些粉墙黛瓦的徽派古居，石阶木门，曲径通幽，悠长的深巷，清寂又空落，安静得使人不敢前往。

"施程，你们到了？"小巷里传来一声招呼，随后一个乌黑长发垂落在肩上的女孩出现在巷口。女孩脸盘白净，眉眼清亮，一双眼睛黑如点漆，笑起来，嘴瓣儿像恬静的弯月，这就是施程的女朋友徐倩。

施程的脸有些红了，我忙取下自行车上的礼品，随着他们步入巷中。

徐倩的家就在徐氏祠堂边上，也是一幢旧宅，门楣上"世居怀德"四个字似乎透露着这户人家昔日的繁华。屋内传来一阵淡淡的葱拌馅香，我才想起肚子还扁着呢。

"快请进，快请进！"徐倩的父亲热情地招呼着。

"叔叔好！"施程回了一声。

我把礼品放置在案几上，徐倩已经把茶端到我俩面前，她的父亲陪我们一起坐下，有一句没一句地聊着。此时的施程很规矩地坐着，左手不停地搓着右手的指关节。

厨房那边不时传来几个女人的笑声。"阿姨好！"我走到厨房向徐倩母亲她们问个好。

"你是施程？"几个女人眼睛都盯着我。"不是，不是！我是施程的朋友。"我忙解释道。

徐倩和施程这时就在后面。"阿姨好！"施程怯怯地打了声招呼。

"这才是施程！"我向她们介绍。

除了徐倩母亲，在场的还有她的小姨和一个邻居。施程的脸被她们看得更红了。徐倩的母亲和她的小姨长得很像，我总好像在哪见过似的。

她们正在包龙游汤团，只见徐母从揉好的面团上揪下一块，搓圆，然后用手指戳一个洞，慢慢捏成酒盅状，包入拌好的馅料，再把酒盅状汤团的圆边合拢，顶上捏成尖尖的形状，又把多余的面团掐掉，一个尖头圆肚，呈水滴形的汤团就做成了。而边上的馅料看上去十分馋人，汤团馅料在制作上是有些讲究的。在锅中倒入适量的油，烧热，加入少量葱花、些许蒜末，等香味弥漫开来的时候，将剁好的肉末、切成细条形的白豆腐、切碎的笋干等悉数放入，加入黄酒和生抽调味，味精少许，当然最不能落下的是有龙游特色的辣椒酱了。龙游汤团数北乡汤团最好吃，料鲜、馅多、皮薄。

"就快好了，这里很挤，倩倩你带他们到客厅喝茶吧！"看我们都站着，徐母说道。

的确，站在这里看，像是饿坏了似的。

徐父与我们聊起工作上的事，施程显得轻松多了。在单位里，他是个业务能手，一谈起工作，拘束就少了，有说有笑，气氛一下缓和了许多。

"倩倩，来端一下！"徐母喊道。

一碗龙游汤团已经摆到我面前，四个汤团挤满了一大碗。

这次来北乡，不像是陪相亲，倒像是专门为美食而来的——来寻觅龙游北乡特有的风味。一口咬下去，那种层次感，那种混合的清香和辣味，我以为我肯定可以吃上十几个。

"姨妈，什么东西这么香啊？"门外传来一阵清脆却婉转柔和的喊声，很是熟悉，乍一听似那黄莺出谷，煞是好听。

"小琪，你们到了。"徐母转身走向门口。

门口已走进两人，男的年纪大约二十六七岁，光洁白皙的脸庞，棱角分明的轮廓，短袖白衬衫的领口微微敞开，真是英俊。而边上的那个女孩，微仰着小小的白瓷般细腻柔滑的脸，那束长长的马尾巴辫在逆光下分外刺眼。

"怎么是你？"两人几乎同时叫道，我们都呆呆地看着对方，周围的人都莫名其妙。

真是她，去年湖镇老街分别后，竟然在泽随意外相遇。

"这是我妈！"原来徐倩的小姨是她母亲，她和徐倩是表姐妹。

"来，先吃汤团！"徐母招呼他们坐下。

"我姨妈家的汤团味道不错吧？"小琪调皮地问我。

"嗯嗯！我还没吃过这么好吃的汤团呢！"我边吃边答，那鲜美的味道又回来了。不过今天是来相亲，我和施程都得装一下斯文，不好意思吃太多，况且这只是点心呢！

这生活真是富有诗意呀，品尝美食，竟然遇见了久别的人。

小琪告诉我，她现在在开化城里一所小学教语文，平时也经常来龙游找表兄妹们玩。我终于知道她姓文，她调皮地说："那你以后得叫我文老师了。"

我问她："我给你写信，能收得到吗？"

她说："嗯，我也可以写给你吧？"

时间太短，而光阴流逝的速度又太快，好像才聊了没多久，就已是下午三点多，又要离开了。

我向"衢州小吃"店里的服务生要了杯开水，口有点渴了。

"后来呢？"妻问道。

"后来嘛，都八点多了，我们先回龙游，改天再慢慢告诉你。"

生活就是这样，不慌不忙。在城池里，一个人孤单，两个人正好，疲惫时一松懈，身边就有个依靠……

一碗糊的仪式感

洪莉平

　　我接受龙游是从接受一碗热腾腾的糊开始的。我是移二代，从小在一个叫街路的移民新村长大。这个村虽然建在龙游，但无论是语言还是生活方式都沿袭着淳安的传统。从某种意义上来说，街路就是一座与世隔绝的孤岛，在相当长的时间里，我都过着只知街路而不知有龙游的生活。

　　十岁那年，村小的一位男老师突发车祸，我们不得不转到乡中心小学继续求学。至此，我才知道有龙游的存在。陌生的学校环境、听不懂的龙游话，顿时让我慌了神。为了帮助我尽快地适应新环境，爸爸妈妈商量后，郑重地决定带我进城逛逛，以此增进我与龙游的感情。

　　那时候进一趟城可真不容易。村里只有坤叔家有一台手扶拖拉机，村里的男女老少想进城，都要来找他搭便车。供需的缺口实在太大，遭拒绝的概率就特别高。好在我们两家的关系一直不错，所以坤叔还是给了我家两个珍贵的名额。名额有了，具体哪天进城还要等通知。坤叔的拖拉机是用来帮人拉货的，行车路线每天都不一样，要碰到进城的日子才能搭上车。

　　等待着，等待着，过了半个多月，坤婶才跑来通知说第二天早晨四点到她家门口集合，她带儿子和我们一起进城逛逛。坤婶进城机会多，路头熟，有她带路，当然是再好不过了。她眉飞色舞地告诉妈妈湖西街有家早餐店的糊味道超级好，保证吃得我们连舌头都想一起吞下去。在大肆宣传了一番糊的美味之后，她非常贴心地给出建议，让妈妈贴几个牛粪饼（一

味道里的龙游

种没有馅的小甜饼）带上。牛粪饼配米糊，好吃还扛饿，可以省掉一餐中午饭。

我本来对进城没多大兴趣，听坤婶这么说，就特别想尝尝这糊到底是什么滋味。从来都是一觉睡到天亮的我，那一夜却怎么也睡不着，辗转反侧地等着妈妈来叫我起床。妈妈也很兴奋，三点一过就叫我起来刷牙洗脸。三点半，我们到坤叔家门口的时候，发现大家也都到了。坤婶大手一挥："既然大家都到齐了，我们就早点出发。"坤婶一发话，坤叔就从车头的坐垫下拿出 Z 形启动器插入摇动的卡槽里，拖拉机发出悦耳的"突突"声。我们一拥而上，把拖拉机的车斗挤得满满当当。

欢声笑语像犁一样插进黑夜里，耕出一道道清晨的曙光。拖拉机开进城的时候，天刚麻麻亮，街道上的环卫工人已经忙得满头大汗，卖早餐的小店里飘出一团团香喷喷的白雾，让我忍不住咽起了口水。七拐八弯地转了好几条街，坤婶才指着一家人满为患、热气腾腾的小店说："到了。"

"来四碗糊！"坤婶熟门熟路地钻进厨房，冲正在灶台上忙碌的老板娘喊。"先自己找个位置坐，糊马上就来！"老板娘一边回答，一边熟练地将一勺白浆沿大锅沿转了一圈。白浆慢慢向下流动，为黑色的大铁锅穿了一圈漂亮的白裙。白裙下是沸腾的水。老板娘适时地拿起铲子，把白裙一片片地铲进沸水中，又麻利地加入酱油、味精、榨菜丝和葱花等各式作料。不一会儿，一碗碗香气扑鼻的米糊就上了桌。由于店里的食客实在是太多，我们四个人只能见缝插针地挤在四张不同的桌上。这样一来，虽然不能和妈妈坐在一起，但可以让我更加无所顾忌地享受美味。

我拿起勺子，轻轻地从碗里舀起一片微卷的"白裙"，慢慢地送进嘴里。"哇，好烫！"我的舌尖像被火灼了似的痛，可是那鲜美的味道却让我不顾舌尖的疼痛，贪婪地把那一勺糊统统吞下肚去。由于咽得太用力，真的有一种要把舌头都吞下去的感觉。"原来龙游有这么好吃的糊！虽然'龙游'这两个字曾让我惊慌，但为了这碗糊，我还是挺愿意做个龙游人的。"我边吃边想，不禁为自己竟因为一碗糊而愿意做个龙游人的幼稚感到惭愧。可仔细想想，这又有什么不好呢？

爷爷、奶奶、爸爸、妈妈，为了建新安江水电站，离开了熟悉的家园，来到了这片土地。为了生存，全村人紧紧抱成一团，同进共退；为了保护自己的孩子不受欺负，辛辛苦苦地建起了幼儿园、小学和初中，让我们足不出村就能接受良好的学校教育，从小就对淳安的文化和习俗了如指掌。然而，这样的保护，也让我们和龙游有了隔阂，对"龙游人"这个身份没有认同感。都说美食是无声的交流大使，我从这一碗热乎乎的糊里吃出了龙游这座城市的温暖。我美美地想，为了让我心甘情愿地做个龙游人，这碗糊默默地在街头飘香了很久很久……

生活要有仪式感，是这两年才出现的一句话。但回首往事，我惊讶地发现，十岁时，我在湖西街头那间热闹的早餐店里吃那一碗龙游风味的糊，是我此生经历过的最盛大的仪式。他见证了我从"淳安移民"到"龙游人"的身份转换。我一口一口吃掉那碗糊的过程，浓缩了祖辈数十年来为融入龙游这片土地所做的艰难努力。光阴荏苒，我与龙游早已融为一体，我的孩子从小就在城里长大，丝毫没有身份认同上的烦忧。可是，在遍地美食的龙游，我还是对那一碗糊情有独钟。总是会特意抽时间，找一间老店，点一碗糊，静静地回味它陪我走过的漫长时光。真不敢想，如果当年没有吃到这碗糊，我对龙游的惊慌还会持续多久，我还会不会把做龙游人当作人生最幸福的事。

每一道美食都会在时光的长河里，荡漾出千百种旖旎而浪漫的故事。有的烂在人心里，有的变成文字流传后世。我庆幸我有写作的能力，能够将这一碗糊所承载的仪式感，慢慢地说给你听。让你知道，一道寻常的街边美食，会在一个人的生命旅途中扮演如此重要的角色。

味道里的龙游

龙游粉干

赵春媚

　　一方山水养一方人，因此也就有了一方的口味。这种带有地域性的口味便催生了独具本土风味的特色，这特色到了游子眼里就成了故乡的味道、家的味道，久久不能忘怀。龙游粉干就是这样的一种地方特色小吃。

　　龙游粉干有别于其他地方的乌冬面、米粉或者QQ面之类的，口感虽然与米线最类似，但比米线更加柔韧爽口。或许是得益于龙游的好山好水，再加上粉干的原材料——大米——比其他地方的更优质，所以做出来的粉干米香浓郁，令人百吃不厌。

　　在龙游当地，流传着南宋抗金名将岳飞爱吃龙游粉干，并且将龙游粉干作为岳家军的干粮，随着自己北上抗金，使龙游粉干传到了中原地带的动人传说。这个传说，或许只是出于龙游人民的美好想象，不过对龙游人来说，粉干确实是家家户户必备的美食之一。它经过精细加工，加上作料，吃时圆滑水灵，好似直接滑进肚子里一样，并且带着一股酱香味，在口中缭绕徘徊。

　　在龙游，这一碗粉干可谓是最接地气的美食，做法丰富，可干炒可放汤，还可以凉拌。在早餐小店、晚餐饭馆、夜宵大排档，都可以寻找得到它的踪迹。

　　汤粉干的吃法是最普遍的，一般小店里备着的都是现成可下锅的，已焯过水的湿粉干。店主可以根据需要，添加各种配料。最基本的还是白菜肉丝汤粉干了，白菜最好是选用那圆滚滚的大白菜来搭配。揪下鲜嫩翠绿

的叶片，将肥硕的菜帮子切成块或丝，下锅与肉丝、豆瓣酱炒至半熟再下粉干，添水加盖焖煮让粉干入味，然后热乎乎地出锅，趁着腾腾热气，开动筷子，就可以感受到粉干的嚼劲十足。喝一口汤，那汤汁带着一股辣味，更是鲜美无比。这一碗汤粉干，可以让你吃得额头晶亮、满嘴留香。这种滋味，只有龙游人才懂。

爱吃的龙游人更是自创了一种简单直接的水辣醋烧法。清水里烫熟的粉干，加上咸菜和葱花，再根据个人喜好加几勺豆瓣酱和"了虎酱"。于是，这晶莹剔透的粉干，便有了一种与汤粉干不一样的清爽，颇具龙游人热情爽朗的风格。讲究一点的，还可以撒上花生、葱花、香菜等作料，如果有秘制的牛肉酱料，再搭配上调制好的酸辣汁儿，那四溢的香气，就更令人垂涎欲滴、回味难忘了。值得一提的是，龙游的凉拌粉干和别处不同，是热拌的，这也是龙游的一种独特的风味了吧？

相比汤粉干、水辣醋的清淡，炒粉干就显得浓郁多了。它可以加入各种作料，任意翻炒，炒得金黄发亮、油光滋润。入口后你会惊奇地发现粉干变得韧性十足，虽然是纯大米制成，却完全没有面食的粘牙感，十分爽口。

个人认为，龙游最好吃的炒粉干当属矮子排档，不仅颜色漂亮，而且口感绝佳，不油腻，吃起来清爽，粉干不断不粘、不硬不软，一切都刚刚好。除了小葱、辣椒之外还有青菜帮子、酸菜等搭配，把这鲜味提升到了极致。老板娘动作也是相当麻利，翻锅掭勺，上下翻飞，眼花缭乱之间，不过几分钟时间，就"当当当"地敲着勺子入了盘。

等这一盘炒粉干端上桌时，绝对会令你眼前一亮，色泽艳丽、香辣扑鼻，色香味俱全，顿时勾起你的食欲，让你不由自主地吞咽起了口水。入嘴一尝，更是既软糯又富弹性，最美妙的是还能吃到一两筷粉干锅巴，香脆却又不煳，这可考验厨师火候的掌控能力啦。

这一碗咸辣可口的龙游粉干，让你唏哩呼噜地吃得酣畅淋漓，让你热乎乎地暖心暖胃，让你情不自禁地感叹这就是故乡，这就是龙游！

米粉干传奇

邓根林

在龙游北乡，有一种家喻户晓的美食小吃叫"水磨米粉干"，这是一种历史悠久的地方小吃。这种米粉干，无需煮炒，只要一壶开水，即泡即食，堪称历史上最早的"方便面"。

江南盛产稻米，龙游一直是主要的稻米产区。以前，北乡出产一种叫粳米的米，糯性低于糯米却高于籼米，由于黏性大，用来做饭不容易干捞，于是就有人想出制作米粉干，做成方便食品。制作米粉干时，先把稻米浸没水中，使米粒吸足水分，然后在石磨上磨成水粉，沥干后，再把米粉团放入大锅煮熟，趁热再把煮熟的粉团放进特制的圆筒里，一边用木棍用力挤压圆筒里的熟粉团。木桶的一头由做成米筛状的铁片固定，米粉经挤压穿过铁筛后，即成为粉丝，然后依照合适的长度剪断，悬挂在竹竿上晒干，就成了米粉干。因为米粉已经完全在锅里煮熟，食用米粉干的时候，只要经过热水简单加热，再添加自制的豆瓣辣椒酱做作料，即拌即食，方便快捷。

龙游乡村一直有晒制豆瓣酱的习惯，它的制作步骤并不复杂：先把黄豆浸泡膨胀后煮熟，稍降温后，在黄豆表面撒上适量的面粉，拌匀，使每粒黄豆上都均匀地粘上一层面粉，再把拌了面粉的黄豆，均匀地摊放在干净的竹匾上，用布或草帘覆盖严实，放到空架子上发酵制曲。黄豆与面粉混合后会自然发热，然后开始发酵。其间检查温度会不会过高，以确保黄豆表面长满黄绿色菌丝，再将粉豆翻动一次，待黄绿色菌丝长满黄豆表面，即告制曲完成。随后，再把制好的豆曲装在竹匾里，放太阳下晒两天，晒干长满黄绿色菌丝的黄豆。然后用凉开水快速洗曲，捞出后，放入容器里，盖上布发酵一个晚上，待闻到黄豆曲发热后产生的浓浓豆香味就可以操作了。制酱时，用开水化开适量的食盐，加入装了豆曲的容器里，拌匀后，放置烈日下暴晒，晒得越透越好。晒透后加入辣椒，就成了美味的豆瓣辣椒酱。食用前，如果再添加大蒜、生姜等香料，味道更加鲜美。这样，农家来了客人，只要把米粉干在开水里烫热，捞起，拌上豆瓣辣椒酱，即成美食。

由于米粉干劲道，有嚼头，吃起来比面条更有风味，加之作料豆瓣辣椒酱味道鲜美，让人过口难忘。据说，当年南宋抗金名将岳飞，经过龙游北乡的乌石寺，曾吃过北乡的米粉干，一次吃下两大碗，连呼："好吃！好吃！"

传说那年岳飞刚满三十岁，年轻气盛，仕途坦荡。这天，在江西为官的他，接到了调令，命他到京城（临安）赴任。

岳飞骑着高头大马，急驰在北大道（这是一条从杭州到江西、福建等地的官道，史称"江右孔道"，龙游人称"北大道"）上，经过乌石山脚，正要穿越梅岭关时，看看天色已晚，想起了招庆寺的住持高僧，于是决定上山与他告别。

招庆寺又名乌石寺，初建于唐太和元年（827年），宋政和二年（1112年）重建，建筑于危岩立壁、绿树成荫的乌石山山腰，是当时的江南名刹。岳飞在江西为官，多次经过梅岭关，为乌石山景色的秀丽、寺院的气派非凡、高僧的德高望重而流连忘返。因为岳飞多次到访乌石寺，与住持高僧相处融洽、相谈甚欢，终成忘年之交。

岳飞拴马山下，一个人拾级而上。不一会，岳飞就来到寺院门前，抬眼看到道旁的石壁上赫然写着"君来了"三个墨迹未干的大字，接着又看到高僧在路旁合手而立。岳飞大为感动，马上为高僧题词欢迎他而施礼道谢。没想到，看到岳飞迎面过来，高僧竟然转身就走，态度冷淡，好像没有一点欢迎他的意思。

以前，岳飞来到乌石寺，只要听到岳飞的声音，大师肯定会笑脸出

迎，然后携手走进大殿，以香茶招待。今天，大师看到自己，为何阴沉着脸扭头便走？岳飞百思不得其解，连忙快步赶上高僧，躬身请教缘由。

高僧双手合十，闭目一会，才摇头叹息道："岳将军智勇双全，秉性刚直，忠心耿耿，是一个难得的忠臣良将，只可惜，如今朝廷奸佞当道，鱼目混珠，阁下此去，宏图难展呀！"

岳飞听了，像被当头泼了一盆冷水，心里很不舒服，但又不好发作，于是就问高僧："大师既然不欢迎我来，那你在石壁上写下'君来了'三个字，又是何意？"

高僧沉默了好一会，才不紧不慢地说："天机不可泄露！岳将军，这三个字写的可不是什么欢迎词哦！'君'当然是阁下你呀，'来'就是来，'了'是我们龙游这里的方言土话，是完了、了结、结束的意思。"

岳飞听罢，低头无语。

高僧看岳飞风尘仆仆，已是饥肠辘辘，马上让人给岳飞端来了当地的风味小吃——米粉干。岳飞尝后，觉得粉丝柔韧绵长而有嚼劲，既香又辣，味道特别鲜美，岳飞连着吃下两大碗，大呼"好吃"，早忘了刚才发生的不愉快。

吃下晚餐，兴之所致，岳飞提起笔，在寺庙的墙壁上写下："岳飞奉旨趋阙，复如江右，假宿幽岩。游上方，览山川之胜，志期为国，急欲扫平胡虏，恢复舆图，迎二圣沙漠之辕，辅圣主无疆之休。因结缘佛事，以记岁月，绍兴三年十月初三题。"

第二天，岳飞起身告辞。临行，高僧仍以米粉干招待岳飞。岳飞尝了尝，碗里的粉条竟然淡而无味。岳飞大惑不解，问高僧是不是忘了放作料。高僧意味深长地回答说："昨天的粉条是厨僧做好了端给你吃的，现在的粉条，作料豆瓣辣椒酱，装在粉条底下，你应该往上翻啊！"

岳飞向来以"精忠报国"为座右铭，听不得一个"反"字。现在，高僧竟然要岳飞"往上反"（因为"反"与"翻"同音），岳飞听后很是生气，当即对高僧厉声大吼："我鹏举饿死不吃反食！"说完，岳飞气呼呼地把那碗粉条抛到了乌石山顶，空肚离寺而去……

据说岳飞走出寺门不久，山上忽然传来一阵轰隆隆的声响，岳飞抬头一看，一块巨石从山上滚下来，不偏不倚落在岳飞面前的山路上，挡住岳飞的去路。岳飞不为所动，轻轻一跃而过，头也不回地下了山，跨上战马，北上赴任去了。

九年后，高僧的谶语果然成真：岳飞因为主张抗金，屡立战功，遭到奸臣秦桧的陷害，以"莫须有"的罪名，屈死"风波亭"。

据说，岳飞屈死的那天晚上，乌石寺上空，乌云密布，狂风大作，暴雨倾盆，岳飞当年抛在山顶的那碗粉条和辣椒酱，顿时化作千万条瀑布，倾泻而下……人们说，那是乌石山为屈死的岳飞流下的眼泪。后来水瀑枯了，乌石山上留下了一道道紫红色的痕迹，成了如今乌石寺的一景——"幽岩泪"。现在你若到乌石寺旅游，你还能看到一块心形巨石，横在山路边，石上写着"神石母"三个字。据说，这块巨石就是岳飞母亲的心变化而成的。当年，岳母为了阻止岳飞北上，掏出自己的心，化作巨石，从山上滚下，横在路上，可惜，母亲的心也没能阻止岳飞北上的步伐。

龙游馄饨：此心安处是吾乡

李思琪

在龙游住了九年，我便也吃了九年龙游馄饨。甚至可以毫不夸张地说，我是吃龙游馄饨长大的。五六岁时我来到龙游，离开故乡的我，站在陌生的街道上，攥着衣角，失真感扑面而来，人好像踩在棉花上，轻飘飘地落不到地。只有那一碗热腾腾的馄饨，才能让我的胃和心都充实起来，并找到最终的归宿。

刚搬来龙游时，我家住的华西园小区门口有家很小的馄饨店，店很小，人气却很旺，因为这里的馄饨味道特别好。小学六年里，我的早餐大多是来这儿吃一碗馄饨。阴天的时候，吃馄饨的感觉就更好，尤其是那种云中的水分即将饱和、落雨的早上，早上和傍晚一样清凉。我走到店里，关上店门，将外界的风、空气和被树枝切割成昏暗一角的天空，一齐挡在门外。里面是一个独立的空间，有温热的空气，有自带古老气息的光线，还有连绵不断袅袅上升的白气。

"老板，一碗小馄饨！""好嘞！"老板娘用一根船桨似的、大小跟筷子相近的棍状物将一丁点儿肉扒拉到手上的馄饨皮上，单手一握，一个馄饨就颤颤巍巍地出现在手上。很快地，一份小馄饨的量就备好了。老板用勺子不断倒着馄饨，然后让它自己煮一会儿，也不知他怎样计算时间的，总能正当其时地盛上一碗碗馄饨。不多时，一碗馄饨上桌。为了节省时间，我总是多要一只小碗，把所有的馄饨捞个干净放到小碗里。这么着，馄饨凉得更快，汤也是。等我吃完馄饨，汤也温得恰到好处。抿下几口汤，我这才长出一口气。舒坦！现在想来，吃馄饨要将馄饨和汤分开的习惯就是那时养成的吧。出店门时，总有一种恍如隔世的感觉，可能是太沉迷于馄饨了，整颗心都浸在馄饨的香味里，忘了世界。

　　说来奇怪，我对很多食物有过浓厚的兴趣，但多吃几顿便厌了。唯有馄饨，我一吃就吃了整整六年。后来搬到新家，离华西园的馄饨店也远了，没有机会常常吃了，偶尔会绕道去那里吃上一碗过瘾。这样又过了三年，加起来就有九年了。那馄饨的味道，至今仍未厌倦。这是我为数不多的吃食爱好，现在我可以自豪地说一句："在我的人生中，吃馄饨的年头，已经比不吃馄饨的年头要长了。"也许很多人会说，馄饨有什么好吃的，说白了不过是清汤寡水。可是就是这份清汤寡水，被我吃出了特别的味道。我会加一点葱、一点榨菜（我不喜欢吃香菜，所以不加），其他什么调料都不加。看到馄饨白到透明的面皮里微微透出的肉粉，不由得咽口水，再撒上一点嫩青的葱，看起来清清爽爽，那就是登峰造极的人间美味了。

　　对我来说，华西园门口的馄饨不只是馄饨。一年暑假，我到西北地区游玩，一路上的美食数不胜数。而某一个晚上我突然醒来，嘴里却萦绕着华西园门口馄饨的滋味。清清淡淡的滋味被味蕾无限放大，那时候我特别想吃华西园门口的小馄饨，胃里就像拴了一匹饿狼，迫不及待想去空旷的草原上捕食。明明已经临近归期了，我对馄饨的渴望却突然在梦中爆发，醒来饿得难受。梦中的馄饨像是散发着无限的香味，让人忍不住一再思念。醒来却是人在他乡，这强烈的反差不禁让我失魂落魄。我不禁忆起一句词来——"此心安处是吾乡"。一碗华西园门口的馄饨，就是使我心安的灵丹妙药啊。加了童年和故乡滤镜的馄饨，才是我难以忘却的美味。

　　后来到了上海，友人听我唠叨馄饨，带我去吃负有盛名的一家馄饨店，我尝了尝，味道并不深刻。原来，胃是有记忆的。我的胃，不管到了哪里，只记得龙游华西园门口的那碗馄饨。可见胃也是有灵魂的，久居他乡即故乡，此心安处是吾乡。

湖镇老街的馄饨

慧一文

　　故乡的美食是游子绕不过去的记忆，因为美食不仅仅是美食，更有各种丰富的情意包含其中。每当看到大家晒美食时，我就会不由自主地想到湖镇老街的馄饨，继而又想起了她。我甚至不知道她姓什么，但我记得她吃馄饨的样子。第一次遇见她，是在湖镇的通济街上。

　　二十多年前，一个初秋的早上，我乘着"别别跳"（当时的交通工具）来到湖镇。假期中的我有些悠闲，独自一人，行走在斑驳错落的青石板上，老街的巷子似乎走不到尽头，悠长到可以找回明清时光。老街很安静，没有城市的熙攘，也没有世俗的纷扰。在这里，时间像是凝固住了似的。

　　那天，我本是去看舍利塔的，早听说湖镇有三宝：舍利塔、通济街和清朝馄饨。而那些青砖黛瓦，总会使我打开记忆，带我回到古老的过去。两排历经岁月洗礼的明清古屋，虽有些破败，但对我来说，却反而尤显亲切。

　　"大叔，启明小学在什么地方？"快走到原湖镇区教办时，好像有人叫我。

　　我回头一看，后面站着一个穿粉色连衣裙的女孩，很随意地扎了个马尾辫，斜斜的刘海恰好从眼皮上划过，可你依稀可以看见弯弯的柳眉；长长的睫毛眨巴着，泛着水的眼睛仿佛会说话，小脸白里透红，湿润的嘴唇让人好想咬上一口。我尴尬地笑了一下："就在前面！"

味道里的老班

当年我才二十三岁，可能是因为在假期里参加了家里的农忙抢收抢种，皮肤被晒得黝黑，又穿了件宽松的白衬衣，从背后望去，或许显得真有那么老。

"我应该叫你哥吧！"女孩又主动地缓和了一下气氛。

"嗯！我带你去吧！"我是在教育系统工作的一名老师，虽然见到漂亮女孩就会怯场，但面对自然又有亲和力的她，人也变得活跃起来了。

到了校门口，我才知她是来找衢师的师姐。那时通信没现在这么方便，基本是靠书信联系，那师姐比她早一届，去年毕业后就分配在启明小学。看门的大爷告诉她，老师假期不住在学校，一般要到 8 月 23 日才回校。

她有些失落。

看到她这样子，我对她说："吃饭时间也快到了，既然来了，要么我们先找点吃的，我再带你逛逛，说不定你师姐也在赶往学校的路上呢！"

我的这番安慰似乎起了作用，她嘴角微微一扬。说真的，她笑起来真好看。

一提起吃，自然想到了老街的馄饨。从启明小学到馄饨店至少有几百米的距离，刚才走的时候还嫌巷子悠长，现在往回走，却觉得巷子实在是太短了。她告诉我，她叫小琪，是开化人，今年刚从衢师毕业，下半年也是要当老师……她的声音很轻，但很好听，普通话又标准，说话就像唱歌似的。

而我呢，虽然也是第一次来湖镇，但读书时就喜欢捣弄些旧物，对乡村风土人情和古建筑还有些研究，此时，自然少不了卖弄一番。从三层的古屋讲到墙底下的石雕，从舍利塔讲到馄饨店……我们边走边聊边看，像是一对正在热恋中的情侣，毫无违和感。

不知不觉，我们就到了馄饨店，店门面很普通，东边是一间理发店，那一张民国风格的理发椅泛着厚厚的包浆，但我没闲情理会这些。

"老板，来四碗馄饨！"我朝那位年长点的大叔喊道。

小店很狭窄，加之里面已经坐了五六个客人，就显得更加拥挤。我俩找了个靠里的空位相对而坐，这时我才发现，她的瞳孔清澈明亮，格外有神！发现我在看她，小琪"唰"的一下脸红了，低下头去。

"你们两位，先两碗，吃了再要。"一个四十出头的伙计走过来对我说。

他的话引起了我的兴趣，我别过头去，仔细观察这家馄饨店。除了那个四十出头的大叔，还有两个大约三四十岁的帮工，其中那女的要年轻一些。大叔从盒子中倒出一把馄饨熟练地数着，走到锅前把数好的馄饨撒入锅中，又往火炉里塞进三四根干柴。炉火烧得很旺，一个个馄饨随着沸腾的开水在锅里翻滚着。大叔提起一个小木锅盖覆在锅上，再旋转了一圈，接着便用汤勺将那些翻滚着的馄饨连汤捞起装碗，两碗热腾腾的馄饨已然摆在我俩面前。

馄饨中间微微鼓着，像一朵正在绽放的花朵漂荡在汤水之中，零星点缀着葱花和红椒丝。淡淡的清香，飘散在腾腾的热气间。那两碗馄饨，就像坐在对面的小琪，可人，可口！

"不辣的，小心烫！"龙游人喜辣，但小琪是开化人，我提醒道。

"什么感觉？"看到小琪舀起馄饨吃了一口，我问她。

"好看，皮滑馅嫩。很鲜，不腻，口感好！"简直是专业级评价。

味道里的龙游

没多久，我们的碗已见底，连汤也不剩！

"老板，再来两碗！"我又叫那年长的大叔。

"不了，好的东西留些念想吧！"小琪阻止了我。是呀！多么有哲理的话语。

此时店里有些空闲，年长的大叔边整理桌子边与我们闲聊。店主姓陈，小店原是从江西迁徙而来，已经有一百多年的历史了，也曾叫过江西馄饨。以前，这店主的父亲每日还要挑着清式馄饨担摆在老街的路口，前两年才搬到这里支了个店面经营，那副馄饨担也还保留着，所以这家店的馄饨被外人称之为清朝馄饨。现在三兄妹一起经营，均未成家。陈大叔说话断断续续，但一提到自家的馄饨，那真是骄傲得要牛气冲天了。

我们俩静静地听着陈大叔唠叨，仿佛是在听我们自己的家世。

"小琪！原来你在这儿！"门口传来一阵喊声，小琪的师姐匆匆地赶了过来。

"这位是？"她朝小琪努努嘴。

"开始没找到你，刚认识的！"小琪不好意思地解释道。

"来，我带你们玩儿去！"师姐推着她的自行车就走。

"不了，你们去吧！我把她交给你，算是完成任务了！"我虽然有些不舍，但还是憨憨地拒绝了，匆忙间竟忘了介绍自己。

小琪朝我看了看，向我摆了摆手，就跟她师姐推着自行车慢慢走了。

我就这样伫立在馄饨店门口，看着她的背影渐渐远去。快到转角时，她突然回过头来朝我喊了一句："来开化，你要找我呀！"然后消失在了老街中。

今天，我又踏上湖镇的老街，沿着巷子慢慢地行走。斗转星移，舍利塔旁的三层古屋残败得已经只剩一面门墙，陈大叔也已年近古稀，他们兄妹三个也都还是单身，那一碗老街馄饨的味道依旧，牛气依旧。小琪也像老街的故事那样悠远，我只能凭记忆去想起一点什么，却终究拼凑不出完整的形象，只有那束马尾辫，清晰依旧……

或许有些人，就似老街的馄饨，它不是给你来填饱肚子的，她来，只是为你留下些念想的。

我不知道她是否与我一样，常会在街头想起曾经邂逅的背影，也常会在梦里遇见那曾经遇见的人儿。每每品尝故乡的美食：龙游汤团、龙游发糕、老太婆米糊或者北乡猪肠，味道或许更鲜美可口，但我最想念的还是湖镇老街的馄饨，因为那馄饨，有一种相思的味道。

手拍面，拍出满满的幸福

张文龙

　　我国幅员辽阔，纵横万里，各个区域之间，风光各异。一方水土养一方人，不同地区因自然环境不同，从而造就各有特色的生活、饮食习惯。秦岭—淮河一线分南北，也分出了南米北面特色鲜明的饮食风格！

　　我的家乡龙游，从地理位置看，属南方地区。自然条件优越，河湖众多、良田连绵，自古是鱼米之乡。勤劳智慧的龙游人，不仅在主食"米"上创意百出：发糕、米糊、粽子、糯米团、米粉……更在"面"食上生出许多花样，为龙游的餐桌增色不少，今天就来说说为龙游面食锦上添花的手拍面。

　　周末，我的母亲大显身手，做了一锅鲜美无比的"妈妈手拍面"。母亲根据人数，取适量的面粉加适当比例的水和盐，具体比例多少也没有什么定量，根据多年的经验，随手一放就恰到好处。然后是和面，面粉成团之后，需要反复揉搓，以增加面的韧性。母亲将面团揉搓好长时间后，把面团放在面盆中，又盖上毛巾，便开始去准备手拍面的重头戏——汤料。

　　笋干，前一天晚上已泡在水中，母亲将其取出沥干、切丁；取上等的五花肉，亦切丁。看母亲完成以上准备工作时动作缓慢，便问缘由，母亲说："那么快干吗？又不赶！"二三十分钟后，笋干、五花肉切好。母亲将面团拿出，搓、切成约莫四五厘米长、两厘米宽（长宽各家不同）的面块，抹上油，放在案板上。

　　面块搓好、切好后，点火，待锅烧热，倒入适量的菜油，至油锅冒

烟，将切好的五花肉丁倒入锅中翻炒，之后倒入笋干与五花肉丁一起翻炒，至七八分熟时倒入一定量的水，等水煮开之时，便开始拍面下锅。龙游的手拍面一般分两种，清水煮开、拍面下锅，起锅后再浇上事先炒好的浇头；而我的妈妈则偏向于料炒好、加水煮成汤料，然后直接拍面于汤料中！

手拍面，顾名思义，定有个拍的动作。只见母亲双手抹上菜油（防止面粘手），拿起一面块，"啪"，拍一下，便将面块向下抻拉，随着面的长度增加（面抻拉的长度、厚度也因各家喜好而异），面的下端便先进入汤锅之中。妈妈动作娴熟，着实是一个拍面高手。我在边上欣赏着妈妈的手艺，也不禁手痒痒，忍不住拿起一面块，学着妈妈的动作拍面下锅，可没抻拉多少就断成两截。遂请教妈妈。妈妈告诉我别急、慢慢来，向下抻拉的力度不要过大也不要过小，过大则易断，过小则速度慢。连续拍了几个面块，还是没法和妈妈比，索性就不拍了，乖乖地站边上看着吧！

拍完最后一面块，汤、料、面已是满满一锅，香气四溢。我跟母亲开玩笑说："那么一锅，怎么吃得完？"母亲笑而不语。起锅了，我迫不及待地盛上一碗，不顾烫，夹起长长宽宽的面条，直往嘴里送，咬下一段，稍作咀嚼，劲道十足，香满齿颊。

这一顿手拍面，全家人都吃得酣畅淋漓，连十八个多月的儿子，在妈妈的帮助下，也吃得不亦乐乎！最后，锅里只剩下些汤水，至此才晓得母亲对于我面条吃不完的疑问笑而不语的真意！

龙游水拍面

佘玉霞

　　我是生在龙游、长在新疆的龙游人，虽然在新疆生活了半辈子，但故乡始终是我心中的牵挂，在无数个夜里，我曾经悄悄地在梦里回到龙游。今年退休，我迁回龙游老家，终于也算叶落归根了。

　　在新疆工作生活期间，我偶尔也会回乡省亲，但每次都是来去匆匆、时日短暂，还来不及体味亲情、来不及回味家乡美食，就又不得不跟亲人们匆匆告别。直到这次彻底回归故乡，才知道离乡太久，竟然错把龙游的"水拍面"当成了新疆的"揪片子"汤饭。

　　汤饭是新疆人的家常饭。小时候常看母亲用面粉、水和成圆圆的面团，盖上湿布醒发，经过多次揉搓、醒发后，面团变得密实、筋道；然后将面团两面均匀地抹上油，再用擀面杖擀成一指厚的面饼，盖上湿布再次醒发。趁着空闲，母亲开始调制汤料，把肉和胡萝卜切丁，葱、姜切末，炒锅烧热加菜油，下肉丁翻炒变色，加料酒、酱油、葱、姜、胡萝卜翻炒后，倒入适量清水，水滚开后调好味道，再将面饼切成若干二指宽的条，以拇指和食指将面捏薄，再捏住两头，顺势抻开，在面板上上下来回"啪啪"颠甩，甩得面片能抻到一米多长也不断，薄得透明。将面下到滚开的汤锅里，撒上一层小白菜丁或是香菜末，最后再加一勺母亲用辣椒、生姜、大蒜自制的剁椒酱，那味道别提多美了，滑溜溜、香喷喷的，一次能吃两大碗，吃得舌头都香喷喷的。

　　长大后，我也学着母亲的样子做汤饭，面片尽量抻得又薄又长，还比

照邻居家的汤饭把面片揪得短而厚，只有指甲盖般大小，并窃喜——揪的面片不要太好哦！后来去新疆饭馆，才知道，指甲盖大小的面片才是正宗的"揪片子"。

一直纳闷母亲做的汤饭源自哪里，直到今年回到龙游，看"微龙游"公众号里最受欢迎美食排名第十四的龙游水拍面后才恍然大悟，原来母亲一直做给我们吃的是龙游水拍面，而不是新疆的汤饭。二者看似相同，食材、做法及味道实则都大不相同。在过去，汤饭是新疆人的家常饭，水拍面则是龙游人的特色美食；汤饭的面要揪得如指甲盖大小，并以快速不间断的速度甩进汤锅见功夫，而水拍面要抻得又薄又长方显水平；汤饭的汤料里放羊肉或牛肉、胡萝卜、土豆等，水拍面则少不了五花肉或泥鳅、笋干（时令冬笋、春笋、马鞭笋最佳），更不能少的是鲜红的辣椒酱和碧绿的小葱。那时新疆吃食太少，外婆心疼我们，会时不时从龙游老家寄来腊肉、豆腐糟粿、豆豉等风味小吃。腊肉是外婆用自家养的"龙游乌"腌制的，肉很肥。母亲很珍惜腊肉，在那个肚子里缺油水的年代，这些腊肉可以让一家五口人好好过个年，而我们三个小孩最感兴趣的还是黑黢黢但咸香可口的豆腐糟粿、豆豉。豆腐糟粿是用发酵后的豆腐渣和糯米粉，加入家家自制的辣豆酱混合成一个个饭碗大小的饼，上蒸笼蒸熟、晾干，切成指头粗细的条状，味道咸辣可口。我最爱的还是豆豉，方法和制作豆腐糟粿一样，只是用南瓜干、柚子皮代替豆腐渣，卖相当然不如豆腐糟粿好，成形后的豆豉是不可言说的一团团褐色状物体，但抵不住它味道好，微辣的酱香中混着南瓜的甜、柚子的辛，特别有嚼劲。豆腐糟粿、豆豉在龙游老家是早餐佐食稀饭的小菜，在新疆是我们姐弟三人的美味零食。

五十多年前，十九岁的母亲无奈跟随父亲离开龙游到偏远的新疆可可托海生活。可可托海的冬天零下三四十摄氏度，主食只有面粉，蔬菜只有秋天储存在菜窖里的白菜、萝卜、土豆，没有大米，母亲想喝一碗稀饭都难，水果更是罕见。生活上的诸多不适和思念亲人的苦楚，常常让母亲暗自垂泪。母亲来新疆后第一次回龙游时，手牵着两岁的大姐，肚中怀着六个月的我，提着自己平日节省下来和朋友们赞助的凭票购买的十几斤葡萄干，从可可托海坐三天两夜的汽车到乌鲁木齐，在乌鲁木齐住一晚，买上从乌鲁木齐到龙游的统一票，先从乌鲁木齐乘四天三夜的火车到上海，再转慢车"晃荡"八个多小时才能到龙游。那个年代回家的路是辛苦和漫长的，最快也要十天左右，还要花掉几年的积蓄，所以母亲几乎每隔十年才回一趟龙游老家。

记得2011年在龙游过完年回新疆，正赶上龙游第一次开通"和谐号"动车，那时动车每天只发一次，我们姐弟三人有幸买到车号001、002、003的车票，欣喜万分。如今龙游已通高铁，到杭州每隔四十分钟一趟车。从龙游到杭州坐动车只要一个多小时，从杭州到乌鲁木齐坐飞机只要五个小时，龙游到新疆四千多公里的路程往返只需一日，真的可谓日行千里。

在新疆可可托海的车牌号是"新H"头，龙游是"浙H"头，从"新H"回到"浙H"这算不算是一种缘分呢？从小听母亲说得最多的是"要饭也要回龙游来要"，当时很不理解，年纪大了以后才理解其中的真意，龙游不仅有母亲牵挂的亲人，应该还有龙游美食吧！我们这些在新疆长大的龙游人，在哪里都缺乏归属感。在新疆，我们是龙游人；在龙游，我们是讲普通话的新疆人。母亲也从土生土长的龙游人，变成了邻居口中的新疆奶奶。对从小生活长大的第二故乡可可托海，我们怀着深深的眷恋，如今它已成为国家5A级风景旅游区、干部红色教育基地和美丽的旅游小镇，祝愿它的未来更美好；对即将开始生活的龙游老家，我们也满怀期待，龙游美丽乡村的建设、衢州后花园的打造、让老百姓只跑一次的快捷服务，让我已经预见了今后高质量的晚年生活。

小时候，父母口中津津乐道的葱花馒头、发糕、梅干菜烤饼这些龙游美食，只存在我们三个小孩的想象中。现在物质生活富足，为健康着想，已很少再吃有肥肉的腊肉、发糕、梅干菜烤饼，葱花馒头、芋头粽、清明粿是家常早餐，感觉豆腐糟粿、豆豉似乎也没有小时候的味道了。母亲回到龙游生活也已经十多年了，很少再做水拍面吃。想一想，在那个物资匮乏的年代和遥远的边疆，母亲只能用胡萝卜、白菜替代、拼凑出家乡的水拍面，聊解乡愁。龙游水拍面也好，新疆汤饭也罢，其实承载的都是父辈和我辈的几多乡愁和无奈。

最近"微龙游"公众号推出"味道里的龙游"投票评选节目，选出的三十种龙游美食，不仅勾起了我对家乡美食的食欲，也勾起了我想全面了解家乡的愿望。好在现在已经回归故乡，从此再不会辜负老家的乡情与美食了。

味道里的龙游

八宝菜

赵春媚

不管是儿时食品匮乏的年代，还是如今食品丰富的时代，全素的八宝菜，永远都是年夜饭的菜里最受青睐的。

八宝菜，顾名思义里面必定有八样宝贝，由豆腐干、千张、豆芽、荸荠、红白萝卜丝、腌菜、芹菜、大蒜叶等炒制而成，爽口、清脆，因为名称寄寓着吉祥如意，所以是春节必备菜肴之一。从小到大，我最喜欢挑着吃里面的豆芽、豆腐干和荸荠，而且喜欢吃冷的，因为它们最爽口松脆，而那切成丝的豆腐干也是会越嚼越香。

记忆中，八宝菜是我们小时候过年正月里的"当家菜"。它用料也不稀奇，制作过程也不烦琐，调味品更是简单，只有盐、糖和生抽。而且根据节令的不同，里面的菜色也可以不同。一般是黄豆芽、白萝卜、红萝卜、油豆腐、芹菜、千张、荸荠等蔬菜，春节时还可以加上冬笋，加了冬笋的八宝菜最是鲜美。因为"千张"与"欠账"谐音，也有人用豆腐干来代替千张，"荸荠""冬笋"也是或有或无的，食材上各家各有不同，不过主打的黄豆芽是不可或缺的。最为重要的是，八宝菜里面是不太可能见得到荤腥的，是一道名副其实的"素食"，也就非常符合如今养生专家们倡导的健康饮食的主张。

而且父母炒八宝菜一定是一大锅一炒的，并且这一切都要切得细细的。这真是一道考验刀工的家常菜。只见父亲手中的菜刀切得飞快，一根根均匀的细丝就在刀下源源不断地被切出来，这动作如行云流水，这速度

更是看得我眼花缭乱。所有的菜都切好后，还要分别进锅炒好，最后才全部拌在一起。

炒好了的八宝菜就用一只大的搪瓷脸盆装着，只见盆里红白黄绿、绚丽缤纷，看着就十分诱人。那时候没有冰箱，妈妈会在满满一盆的八宝菜中间挖一个眼来透气，以便常温下的八宝菜可以储存得更持久一些。然后在整个正月里，从初一吃到十五，每次吃时用筷子夹出一些来，装上一盘，调点香油搅拌，配上过年的鸡鸭鱼肉，就是一道极为开胃的凉菜。而每一天的早晨，它作为早餐小菜，配稀饭、馒头，都是顶呱呱的棒。

刚工作的时候被分配到了乡下教书，妈妈总会炒上满满一锅的八宝菜让我带回学校里去吃。妈妈将红白萝卜丝、豆腐泡丝、香菇丝、木耳丝、茭白丝等分别炒好，最后拌在一起，再配以芹菜、大蒜、辣椒调香，只见多种颜色调和、多种味道交汇，看着就让人垂涎欲滴。等凉了之后，装满一个大搪瓷罐，妈妈又会嘱咐我："这样凉的天气可以多吃几天，天气热的话，最好当天就吃完。如果有味道了、酸了，就不要吃了。"

于是，这一罐八宝菜陪我度过了最初的工作时光。记得每一次打开罐

味道里的老味

子，夹上一筷子放进嘴里，软糯、爽口、清脆、香辣，各种口味一起冲击着口腔里的味蕾，细细咀嚼、慢慢品尝，一碗白饭就可以一扫而空。这完全是家的味道啊。

如今呢，更是什么时候想吃，什么时候就随时做起来。而且喜欢吃什么菜，就在里面加什么菜，完全打破以前八宝菜的老八样了。现在也不像从前一炒就一大脸盆，爸爸妈妈更是充分发挥出了他们的烹饪特长，把这一道八宝菜烧出了大饭店的精致感觉，无论是选料、切丝，还是搅拌、装盘，都成了一次盛大的视觉享受。当然，八宝菜也更是成功地征服了我们和我们的下一代。

有一次在饭桌上，妈妈故意逗我儿子："你数一数，这一道菜里有几样菜？"好奇的儿子真的去数了，越数，眼睛瞪得越圆，仿佛发现了一个惊人的秘密。儿子叫着说："外公，你太牛了吧，你竟然做出了好吃的十宝菜！"这一番话，逗得全家人哈哈大笑。爸爸有点不好意思了，笑着说："管它有几样菜呢，你们喜欢吃就好！"

这句话让我心里暖暖的，这就是父母的爱了吧，恨不得全都掏出来，然后满满地都装在这一盘八宝菜里头。

是呀，如今的八宝菜已经不再受原来老八样的限制了。比起以往来，材料更为丰富多彩，口感也更为丰润松脆，色彩更是越发缤纷了起来。经过油水滋润的红白萝卜丝、豆腐泡丝、香菇丝、木耳丝、茭白丝油汪汪、水灵灵的，再配以芹菜、大蒜、辣椒调香，使得每一种香味都无声地尽情释放出来，撩拨着人们敏感的嗅觉神经，人很自然地就被这多种颜色调和、多种味道交汇、多种营养搭配的八宝菜所俘获了。夹上一筷子，爽口、清脆、香辣一起冲击着味蕾，完全成了大家调节胃口、思念过去的一种回味了。

父母年纪大了，最近更是喜欢起八宝菜来了。每次回家，饭桌上总是摆着泛着诱人光泽的一小碟八宝菜。尤其是春节里，大家吃多了大鱼大肉，八宝菜更是解油腻的首选好菜。据说，它具有清口解腻、增进食欲的功效，简直是健康养生的首选呀！八宝菜真是名副其实的"宝菜"啊！

那一碗暖心的记忆

周　靖

　　算起来，我是个"混血儿"，江山"混"龙游的。或许是因为同时融合了两地的味蕾基因，所以尽管我从小生长在衢州，却对这两地的食物都有着特殊的偏好，尤其是外婆家所在的龙游。这座有着两千多年建县史的小城，与古埃及金字塔同处于北纬29°线上，因拥有历史悠久的龙游石窟而被世人所熟知。说起龙游美食，我可以如数家珍地报出一连串名字：甜糯的发糕、醇厚的米糊、香辣的豆豉……不过，在众多的美食中，最深得我心的还要数龙游豆腐丸子，食材简单，却足够摄人心魂。

　　记得第一次吃豆腐丸子是在小学，因为父母工作繁忙，所以我一直被寄养在外婆家。外公外婆都是老牌国营饮食店的退休工人，倒腾一些好吃的自然是信手拈来。那个年代没有冰箱，什么都得当场做，做起来尽管费时费力，但口感绝对新鲜。每晚做完作业，得吃上一碗热乎乎的点心，才能心满意足地爬到床上去睡觉。点心的品种除了馄饨、水饺之外，就是豆腐丸子了，因为外婆坚信，女孩子多吃豆腐皮肤会白，所以一直乐此不疲地为我做着豆腐丸子。与前两者不同，豆腐丸子是一道需要足够耐心来对付的美食：一盆碾成泥状的嫩豆腐，旁边垒一团切得细碎的肉球，再加一碗压得紧实的藕粉，这三样便组成了制作豆腐丸子最原始的食材。外婆家的老房子面积很小，是外公这个业余的"泥水匠"自己搭建的，灶台距离我写作业的桌子只有几步之遥，所以，每当外婆在准备点心时，我早已随着飘来的香味心猿意马了。"肚子饿了吧？这个急不得的，等你作业做完

味道里的龙游

就能吃了。"边说着，外婆边把包上肉馅的豆腐团装在勺子里，放进装有藕粉的碗里像滚小乒乓球似的慢慢地滚着，待豆腐丸子身上均匀地沾上一层薄薄的藕粉时，再滑入微微开着的水里，那动作既娴熟又轻柔。透过沸水升腾起的雾气，在橘黄色灯光的映衬下，可以看见外婆的笑容总是暖融融的。

过了一会儿，一个个白胖白胖的丸子便浮在了水面上，空气里弥漫着一股豆制品的清香。外婆把它们小心地捞起盛在碗里，撒上一把翠绿的葱花，有时再放点榨菜丁提鲜，笑盈盈地把碗端到我面前。馋嘴的我顾不得烫口，赶紧轻轻地吮一下，那滑嫩的口感，简直是妙极了！含在嘴里，不用牙咬，只需一抿，猪肉的鲜美和豆腐的嫩滑便渐渐融化，一股鲜美的味道在舌尖荡漾开去。荤素搭配，又不乏美味，这便是朴素的美食智慧。说来也奇怪，每次豆腐丸子出锅的时间总是跟我作业完成的时间神奇地相吻合，现在想来，怕是外婆担心我做作业不专心，才做的精心安排吧！

后来，我回到父母身边生活，外婆也渐渐年迈。我曾多次向母亲提及想吃豆腐丸子，她也尝试着做，但每回都煮成一锅豆腐糊糊汤，更别提当年外婆做的豆腐丸子的口感了，无奈之下，只能溜到外婆家一饱口福。前年，一个寒风凛冽的冬夜，外婆走了，从此，那碗热腾腾的豆腐丸子便成了萦绕在心头永久的回忆。

一次偶然的机会，我在报纸上看到某街开了一家龙游豆腐丸子店，一

瞬间，深藏在心底的那份味蕾与亲情杂糅的记忆似乎又被重新唤醒了。于是，趁着休息日，拉着孩子循着地址就找去了。开店的是一对老夫妻，龙游人，做豆腐丸子的手艺是从亲家那里学来的，店面不大，却收拾得整洁温馨。坐在桌前，一眼就能看见在钢精锅里不断翻滚的豆腐丸子，老婆婆一手托着装着藕粉的大瓷碗，一手舀起豆腐和肉末，有节奏地摇晃几圈，顺势滑入锅中，这熟悉的一幕真是久违了……待起锅时，白玉般晶莹剔透的丸子在绿葱红椒的映衬下，朴实间增添了一丝明媚。老婆婆把两碗热腾腾的豆腐丸子端到我和孩子面前时，看孩子拿起勺子就舀，便笑着轻轻地叮嘱了一句："哎，这个烫，慢慢吃，急不得的……"

一时间，那碗里升腾起的雾气，不知不觉竟模糊了我的双眼……

难忘那一碗豆腐丸子

赵春媚

一提起豆腐丸子，那是"老龙游"尽知的美味小吃。只要你看一眼，就禁不住会垂涎三尺：白嫩嫩的丸子、绿茵茵的葱花、红艳艳的干辣椒，伴着几根榨菜丝，漂浮在清汤里。一碗摆在面前，那真是色、香、味俱全。舀一个往嘴里一送，鲜、嫩、香，清口滑润，不用细细咀嚼，仿佛轻轻一抿便可咽下，用不了三五分钟，一碗豆腐丸子就能轻轻松松下了肚。嘴角还没抹干净呢，心里却又回味起这豆腐的滑嫩、猪肉的鲜美，想着是不是得再来一碗。

这豆腐丸子的做法，也是和别处不同的。其他地方都是把豆腐和肉剁碎了，混在一起搓成丸子。而龙游人的做法更精细，是把鲜肉糜裹在雪白的豆腐泥中间，豆腐丸子也更显得小巧精致。

做豆腐丸子，第一步得把豆腐碾碎了变成豆腐泥，和调好味的猪肉糜一起放在一边备用，还得准备好一小碗小麦粉。万事俱备了，才开始用小勺子刮一勺豆腐泥，挑一点猪肉糜，再投入面粉碗中，轻轻摇晃几下小碗，使豆腐丸子均匀地粘上一层面粉。

这样一刮、一挑、一滚，三眼一板，偷不得半点懒，一个个小巧娇嫩的丸子就做好了。一边做，一边扔下锅，不一会儿，白白胖胖的豆腐丸子就纷纷探出了头，最后快速捞起盛碗，这才算是大功告成了。整个过程流畅麻利，简直是让人赏心悦目呀！

现在龙游卖豆腐丸子的有许多家，但是若论起历史悠久，还不得不先说说东阁桥头的那家豆腐丸子店。那时,我正读小学,记得老板娘是一位五六十岁的大娘,店门口就是一口三眼煤炉,架着一口二尺二的大锅,旁边就是一张大桌子,摆着一碗猪肉糜,一碗豆腐泥。她总是稳稳地坐在锅前的椅子上,一手滚动着她手里的小碗,一手夹着根香烟,气定神闲地做出一碗又一碗的人间美味来。每天放学,我总要从她店门前走过,看着店门前煤炉上的铁锅里漂浮着诱人的豆腐丸子,雾气缭绕、喷香扑鼻,然后摸着自己口袋里仅有的几个"角子",只好咽着口水不舍地离开。好不容易凑齐了一块钱,才能来上一碗,过一过瘾。

印象中,大娘总是那么淡然自若,无论何时、无论顾客有多少,她总是不慌不忙地摇晃小碗,看着一勺豆腐慢慢滚成一个丸子,再徐徐倒入那个大锅里。豆腐丸子像极了大娘的气定神闲,在不温不火的锅汤里慢慢地、慢慢地变熟。一口舀进嘴里,除了那熟悉的鲜香嫩滑,还能吃出大娘一般的那份恬淡自若、那份悠然自得。

大娘的店门口就是喧嚣热闹的东阁桥头,每天的早市是东阁桥最热闹的时候。四路八乡的乡亲们都会带着自家产的商品:鸡蛋、菜秧、小鸡

味道里的老妈

崽、农具等等，一地的琳琅满目，自觉有序地摆放在桥头路边，任由南来北往的路人挑选、购买。于是，桥上充斥着人来人往的车水马龙声、热情的叫卖声、讨价还价声，而桥下不时传来阵阵槌衣浣洗声，一切都显得那么生机勃勃、热闹盎然。这也给豆腐丸子店带来了一阵阵的食客，可尽管客人再多，客人再怎么催，大娘还是面不改色，丝毫不乱。她对自己亲手烹调的美味很有信心，这足以成为她的金字招牌，足以使她不用招揽，生意就会自动送上门来。

到了午后三点左右，爱吃的龙游人又出来吃点心啦！这美味的豆腐丸子又成了不二之选。本来已经冷清下去的小店，又变得聒噪起来。可老板娘还是气定神闲地坐在椅子上，慢慢地晃动着手里的小碗。

到了晚上，是豆腐丸子店最空的时候，尤其是夏季。这时候最热闹的却是旁边的国营棒冰厂，那冰爽蜜甜的棒冰不知吸引了多少馋嘴的孩子。几分钱的白糖棒冰，就可以让我们开心好一阵子了，更别提几毛钱的冰糕了。桥下的桥洞更是阴凉无比，经常围坐着一群又一群纳凉的人，他们摇着蒲扇、吹着牛，就这样把这暑气逼人的夏天赶走了。这种闲聊可以一直持续到深夜，尽兴的人们才会陆陆续续地离开。可是，就算外面再怎么热闹，大娘依旧气定神闲地坐在那里，静静地守着这一片小店。我想：或许就是这份淡定，这份不慌不忙，才能做出这样的美味来吧！

如今东阁桥早就已经旧貌换新颜，这位大娘也已经八十多岁了；豆腐丸子也从她最早摆摊时的两毛钱一碗，变成了现在的七块钱一碗。如今接下这门手艺的是她的儿媳妇，豆腐丸子的生意依旧做得红红火火，依旧是胜却人间无数的美味。

往日那馋着吃"东门头"豆腐丸子的日子虽然已经离我远去了，但有一种不可言说的美却在无形中留了下来，那是一种对生活的恬淡自得、一种对手艺的自信执着。

美
食
记
忆

春末夏初，来一碗豌豆糯米饭吧

赵春媚

春末夏初，是个特殊的时节，用一碗豌豆糯米饭来纪念，是再好不过的。嫩豌豆的羞涩、排骨的张扬、糯米饭的含蓄，一经融合，就变成了一份最普通最寻常的美味，但它却可以触摸到你的心灵，让你念念不忘。因为它会让你想到妈妈的爱，她的每一点每一滴爱似乎都浸润在这一碗颗粒分明的美味中了。

四月份刚刚成熟的嫩豌豆饱满圆润、粒粒清甜，带着最清新的大自然的诱惑。因为豌豆是季节性很短的菜蔬，而此时的豌豆最是爽口清甜。据说这个时候吃豌豆，眼睛会像新鲜豌豆一样清澈，叫人怎么不喜欢它呢？你可以想象一下，将翡翠般的豌豆跟洁白如玉的糯米饭黏附在一起，是多么的青翠可人。讲究些的还会放入一些排骨，带着脆脆的嫩骨头的排骨是最好吃的了，这样的排骨混在糯米饭里，夹一块咬去满口油脂，齿颊里香味悠然，保留了猪肉最原汁原味的醇香，恨不得连骨头都嚼得细细的，骨汁都是那么的香甜。

糯米饭一直是我们的心头好，以前的大街上随处可以听见高音喇叭播放的动听的叫卖声："龙游第一饭，猪肉水豆糯米饭，好耶迈好耶。"这亲切的龙游话，不知吸引了多少人频频回首。

不过，最好吃的糯米饭当然是自己家做的了。几乎所有的妈妈都会做豌豆糯米饭。豌豆糯米饭的做法其实十分简单，放好水后就三个字——"一锅煮"！不过在煮之前，还得将青豌豆洗净、生糯米淘毕、排骨或猪肉

味道里的龙游

切成小方块，加入调料先在锅里炒一
会儿，最后才能放入电饭煲或高压锅
里去煮，而且这个水的多少是非常关
键的，多了糯米饭会太烂，影响口
感，少了又容易半生不熟或太硬，这
就要看各位妈妈的经验和手艺了。

豌豆糯米饭在锅里煮的时候最是
诱人，随着高压锅"吱吱吱"地响起，糯米饭的香气也就弥漫开来，一颗
贪吃的心就被提得老高老高。妈妈看着我们的馋猫样，总会笑着说："等
气过了才好！"

十几分钟后，可口的豌豆糯米饭就可以享用了。青豌豆的清甜、排骨
的绵香、糯米饭的软糯，完美地搭配在了一起，用"令人馋涎欲滴"来形
容一点都不夸张。

我们家做豌豆糯米饭的秘籍是——加一些肥瘦相间的咸肉，不要小看
这些带肥的咸肉，它会使糯米饭嚼起来口感更好，随着锅内温度的升高，
渗透出来的油花，会将糯米饭变得更加油润透亮。在掀开锅的瞬间就一下
子勾起人的食欲。

后来，我们也做了多种尝试，根据自己的口味，在里面放入香菇、香
肠等材料，每次都大获成功。看着泛着珠玉般光泽的糯米饭里镶嵌着一粒
粒翡翠珠子似的豌豆，还有肉红色的咸肉丁、饱满的香菇丁点缀其间，这
样吃起来，肉香、豆甜、饭糯，更是带着一缕说不清、道不明的温暖。

妈妈为了让糯米饭口感更好，还把焖煮过的糯米饭，继续用文火慢炒
一遍，糯米饭粒在翻滚炒制中，将火的温热和各种材料的香味全融合在了
一起。这种滋味，更有一种说不出的感觉从舌尖弥漫到舌根，直到你将碗
吃了个底朝天之后，齿颊间似乎还留着淡淡的糯米饭香。

日复一日，年复一年。春末夏初就在这样的流年里流转着一个季节的
情愫和神韵，紧跟着又牵出另一个季节的包容和期待。就像我们的妈妈，
用她默默的爱，用这一碗朴素而迷人的豌豆糯米饭，芬芳了一个季节，旖
旎了每一个人的记忆。

美
食
记
忆

奶奶的饭团

西南阿火

　　去年某日，只有我和女儿在家，做饭自然就由我"掌勺"，心想此事难不倒我——做饭有电饭煲，不怕不熟；烧菜有煤气灶，就算炒不熟，也肯定煮得熟。一个上午自己有模有样地买菜做饭，俨然一副大厨的派头。结果，菜是熟了，而电饭煲里头的饭，却有些烧焦了——为了展示"大厨"手艺，我灵机一动，立马把电饭煲里上面一层的米饭全部装了出来，又在底下有点焦的米饭上撒上一点食盐，直接用手捏成两个拳头大小、金黄色又香味扑鼻的饭团，父女俩立马一人一个啃了起来——女儿刚吃了一口就说："老爸，你真是太厉害了，这是我吃过的'最好吃'的米饭……"我立马骄傲地说："那当然，这可是我奶奶、你老太（曾祖母）亲传的'手捏饭团'啊！"

　　说起手捏饭团，那是自己很小的时候吃过的东西，现在轮到自己给家中的小 P 孩捏饭团了。这饭团着实真心好吃——不过，仍然比不上奶奶当年给我捏的饭团。记忆中，每当傍晚时分，看到奶奶在厨房里烧晚饭，我就会趴在灶台上，两只小眼睛一会儿看看大锅里的饭，一会儿看看穿着一身土布衣的奶奶，一会儿紧跟着奶奶手中的铁铲在大锅里铲来铲去、翻来翻去、转来转去；有时也会学着大人装模作样地帮奶奶往柴灶里添柴，两只小耳朵却细细地紧听着奶奶手中铁铲撞击铁锅的声音（从铁铲与铁锅撞击的声音中，也能判断出米饭是否可以出锅的程度），时不时又往肚里咽几口口水。估计我当年的心思都被奶奶给看透了，奶奶看到我那副馋嘴

味道里的光阴

相，心里面一定会觉得很好笑。奶奶总是能恰到好处地让那层锅底米饭烧焦，但又不至于烧得过焦——每当自己从奶奶手中接过那个拳头般大小的饭团时，那种千盼万盼之后终于盼到的感觉实在是太让人回味无穷了！

听爷爷说，村子里分田到户之后，家家户户都早出晚归，干劲十足，大家也都非常爱惜粮食，中午吃不掉的饭，就留到晚上吃，晚上吃不掉的饭，只要不变坏，也会留到第二天早上食用——或许是大家为了节省做饭时间，图个方便，一般人家在中午就会把晚上的米饭也做起来，等到晚饭时分，再把这些米饭倒在大锅里一热乎，烧上几个蔬菜，晚餐就做好了——但每每热饭时，底下一层米饭总有一小部分会粘在锅底，成了烧焦的锅巴，因为锅巴吃起来很容易上火，所以条件稍好一点的人家，都会把这锅巴米饭直接铲到泔水桶里去作猪食——我们家条件不是很好，奶奶也舍不得直接用白米饭喂猪，这正好成全了我能时常享用到奶奶手捏饭团的"高级待遇"。

如今，大家的生活条件都变好了，老家已好些年没养猪了，父母做饭也早已换上了煤气灶，自己城里的房子更是安装了管道煤气。偶尔回老家，一家人用柴灶烧饭反而成了一种"奢侈"，吃饭团也早已成了美好的回忆。其实，自从奶奶走了以后，我就几乎没再吃过饭团了。虽说奶奶走的时候，我只有五岁，但奶奶当年手捏饭团的动作依然历历在目——奶奶的动作是那样娴熟灵活，又是那样刚健有力，捏出来的饭团又是如此回味无穷，甚至这么多年过去以后，我似乎依然能闻到奶奶当年手捏饭团时，一并捏进饭团里头那股淡淡的、热乎乎的柴草味……

过年了，大家杀鸡宰牛、挖冬笋、捞酸菜、做米糕，都忙着准备各种各样的年货，我却很想为女儿再捏一个饭团——女儿说，她非常喜欢吃老爸手捏的饭团——看来，我确实得到了奶奶当年的"真传"，我也时常对妻子、女儿说，如果我爷爷奶奶能在世看见他们俩，他们一定会笑得像秋日里丰收的玉米一般灿烂！

香喷喷的"酒米饭"

田志宏

幼时的我会捏筷子了，父亲便用筷子头蘸着他的酒碗，不断熏陶着我的小嘴。不知是我的小嘴上瘾了，还是觉得这筷子头的游戏好玩，我竟然对筷子头很是兴奋着迷。后来母亲告诉我说："你是你父亲最忠实的观众了，每到他喝酒时，你总能乖乖地、不声不响地陪着他喝老半宿。"

儿时的我会端酒碗了，父亲就对他忠实的"粉丝"下达了艰巨任务——到"千斤缸"里为他舀酒！我屁颠屁颠地跑向"千斤缸"，可是返回的途中却很是"老太婆裹小脚"般走得艰难。因为"千斤缸"稳稳地落座在堂屋的楼梯下，我要穿过那又黑又长的弄堂，还不能把美酒溢出，只能一步一步寸移着前进，实在撑不住，便只能把嘴巴往碗口一凑，"咕咕"喝掉两口，却发现又浅了太多，怕被父亲责骂，又跑回"千斤缸"旁重新加量。这样来回往复，父亲的嘴巴都快干了，头一碗下肚的酒也早已过了气了。在缓慢的等待中，父亲会用筷子轻敲桌板，模仿戏文里的念白，拉长声音喝道："大夫，酒——来——"小小的我也模仿父亲的声调大声应着："就——来——"终于，看到我出现在桌角，他眼放光芒，不等碗落桌，接过去一口便吮吸了大半碗。我呢，左右手上都沾着美酒，等不及缓一缓累了的手腕，也使劲吮吸起手指来。后来父亲说："你呀，端酒碗时别总盯着碗，那样酒容易晃荡。你只要把碗端平，眼睛直视前方，和平时走路一样迈开脚步就行了。"我试了几次，果真漾出的酒少了许多。

我常常怀念给父亲舀酒的时光：冬日长夜，煤油灯下，早早吃完的母亲无声地坐在灶间，烘着火炉，微闭着双眼，不急不躁、不愠不恼地等待好酒的父亲喝完酒；我们几个小不点凝视着父亲的酒碗，抢着去"千斤缸"里舀酒，一碗又一碗，然后听他讲太祖父赤膊做保镖的故事，讲赵子龙护主的故事，讲"三请樊梨花"的故事，讲打金枝的故事，过去现在，虚虚实实，讲到高潮时，父亲会闭眼唱上几句戏文，很是入调。母亲会娇嗔一句："又喝得唱戏了！"父亲酒喝到深处，讲得最多的是爷爷奶奶吃日寇的"火烧谷"中毒，全身溃烂去世的悲剧，直说得我们全家人都泪流满面。父亲把酒从喜剧喝到悲剧，这时我们就知道父亲醉了。母亲便安排我们扶着醉醺醺的父亲回房间，她起身收拾早已冰凉的四方桌。我们便在冬日的深夜，听着父亲醉酒后的歌声、哭声和他均匀的鼾声，嘻嘻哈哈后入眠。

在我眼中，酒是最美的神物。我很着迷于酒酿制的过程，它极富神秘的力量：固体的米黍变成液体，本身就很神奇。但我的兴趣并不在技术层面上的探究，而是在于借机过足"酒米饭"的嘴瘾。那时，生产队里分的早稻米还不能满足家里的口粮需求，更别说能有闲钱买糯米酿酒了。可是父亲很有办法，生产队里分来的几十斤糯米先在阁楼上存着，然后找到不喝酒也不酿酒的几家农户，分别用早稻米和他们一一兑换。这种聚沙成塔、集腋成裘的游戏，父亲几乎年年都要上演。等年关一到，父亲总能让酒缸飘香，站在村口的木桥那里，就能够闻到田氏酒坊飘出的香味呢。后来农村实行家庭联产承包责任制后，父亲对糯米的经营更加用心了。每年春耕，总要匀出田垄里的几分农田种粳米和糯米，而且心思花得比田畈里的其他农作物更加细密：播种、插秧、刨田、杀虫、收割、翻晒、储藏，都得亲力亲为，那块地简直是他的希望之光、快乐之源。冬天一到，我们便盼着父亲酿酒、炊酒米饭了。父亲前一天先把糯米浸透，第二天用筛箩把糯米淋透，吃了晚饭收拾停当以后，姐姐们不再拿起她们每天编织的棒针，我也放下时常敲击的陀螺，妹妹乖乖地站在灶间圆形的"站桶"里（儿时一种取暖的木桶，底部可以放炉火，中间有隔板，孩子站在木桶里面取暖），大家都喜滋滋地围聚在灶间，眼巴巴地看着大锅，像迎接节日一样隆重地等待着接下来的节目。饭甑架在大锅里，我们几个孩子都踮起脚尖来看，父亲先把筛箩里的糯米倒进一半，然后等待饭甑上发出哮喘似的"吱吱"的冒气声，才在半熟的糯米上又加上一层糯米，如此往复三四次，直到大饭甑全部装满。待到糯米饭的香味弥漫在灶间时，我们便挨个排好队伍，最热切盼望的画面就那么欢乐地呈现在眼前：氤氲的热气缭绕在昏暗的灶间，柴火映得父母的脸颊通红通红，父亲粗壮的大手紧紧握住饭甑两边的扶手，随着"呼哼"一声，便让庞然大物即刻起锅。父亲一面快速地催促母亲："快快快哦，我的水要淋下来喽，没你们的酒米饭吃喽……"我们着急地齐声喊："好阿爸，慢点慢点淋啊……"可我们分明看到父亲拿着水瓢的手一直搁在水缸里。父亲看着我们急不可耐的表情，狡黠地哈哈大笑。此时不怕烫手的母亲飞快地用铲子把饭甑里的糯米盛到两个大碗里，灵巧的双手快速地为我们捏好一个个饭团，递给馋得眼珠子都快掉出来的我们。奇怪得很，我总想到姐姐们手中寻觅一个大一点的饭团，可是随便我怎么仔细审视，却都比较不出大小，"酒米饭"仿佛从一个模子里脱出来的一般，像极了一个个白白的大鸭蛋，我不得不佩服母亲那双温暖的手，竟捏得如此娴熟均匀。

热乎乎的"酒米饭"，既可以暖和冻僵了的小手，又可以大饱久违的口福，于我们是冬夜里最好的礼物了。我们一边慢慢品尝手中香喷喷的"酒米饭"，一边听着父亲的嗔怪："哎呀，你们这批馋猫啊，这一吃，至少吃了好几斤酒呢。"但他也会喜滋滋地凑上嘴巴咬一口我们手中的"酒米饭"。

儿时吃"酒米饭"，是酿酒带给我的快乐人生中的第一支乐曲。

后来龙游的大街上出现了"糯米饭"早餐，饭团里面包裹着白糖、油条和各种下口菜，口味很多，我也曾买过几次，但都没有儿时的"酒米饭"美味可口。儿时那原生态的"酒米饭"，其实是加进了一味特殊的料，那便是父亲日夜的辛劳和母亲的慈爱与温柔。我留恋"酒米饭"，更多的是留恋一种原声倒带的生活，那种令我着迷的酒味人生，时刻萦绕在我的心头，而所有的翻唱，都已失却了那时那地的味儿了。

味道里的老味

难忘蒲包饭

陈德荣

时间的沙漏在静静地流淌，岁月的痕迹被慢慢地熨平。随着年龄的增长，很多往事已渐渐淡忘，但是有些事情有些东西却永久地镌刻在了生命的幕墙上，常常带给我温暖和感动。比如儿时常吃的蒲包饭，那弥漫着淡淡芳香的味道，一直留存在我的记忆中，至今难以忘怀。

二十世纪六七十年代粮食紧张，为了避免吃大锅饭按人头平均分摊大米的弊端，每个人可以按自己的饭量掌握大米的多少，于是人们发明了蒲包饭。制作蒲包饭的蒲包是由蒲草编织而成，上头小，下面大，形状像端午节的香囊，为了便于收口，颈口编成麻花状，袋口有一根小绳子，要用时将大米装进蒲包，拉紧绳子，扎上口子，放在锅里煮熟。上山下地干活时，把蒸好的蒲包饭别在腰间带上，肚子饿了随时可以解开蒲包吃饭，又美味，又方便。

记得第一次品尝蒲包饭是在三年困难时期。有一天，生产队里一头耕牛死了，队长通知每家每户拿一个可装上一斤米的蒲包到生产队食堂里，放在煮牛肉的锅里去煮。为了避免拿错，每家在蒲包口那里吊着写有名字的白布条。后来，妈妈从食堂拿回香气扑鼻、糯软韧实的蒲包饭，分给我们兄弟吃。当时的美味经久难忘，胜过我这一生吃过的任何山珍海味。

后来我与蒲包饭结下了不解之缘。十三岁那年冬天的一天，我随父亲第一次上山砍柴。砍柴的地方离家有五十里，早上四点多钟，我和父亲就带着蒲包饭，顶着月光，踏着寒霜出门了。本来蒲包饭是挂在裤带上的，

因为走路时蒲包老是磕到膝盖，于是我自作聪明，把蒲包饭从裤带上解了下来，挂在柴冲（一种挑柴的工具）上，一路哼着小曲上山去了。快到目的地时，才发现蒲包饭不见了，我急得快哭起来，父亲安慰我："没事的，我这里还有一个，可以匀着吃。"到了饭点，我们父子俩合吃一个蒲包饭，下午挑着柴担返家时，刚走了二十里左右，我就饿得不行了，直觉得双腿发软，浑身乏力。看我走走停停，父亲无奈，只得在途中一个远房亲戚家歇歇脚，喝点水。这位远房亲戚听说我在路上丢了蒲包饭，没吃饱，马上生火，烧了半锅的玉米糊，我就连着吃了三大碗。填饱肚子后再上路，感觉柴担都轻了许多。

初中读了一年辍学以后，在生产队干活，由于我身子骨单薄，气力小，生产队给我评定的底分只有五分（最高底分是十分，按照干活能力大小评分）。为了多挣工分，我就另辟蹊径，争取去干别人不愿干的重活累活，如修水库、建七〇一飞机场等，这些活不按底分算，而是按劳计酬。工地上一般都是根据挑土的担数计算工分的，有一个人专门负责发牌，牌子是用硬纸板做成的，分正方形和三角形两种，正方形的表示一担，三角形的表示半担，上面加盖发牌人的私章，收工后把这些牌子换成工分票，拿回生产队记工分账。

这些工地都离家比较远，一般都在十里路以上。早上出门的时候，妈妈把米装进蒲包里，挂在我的腰间。到了工地，在临时搭起的工棚里，把蒲包交给负责烧饭的大爷，由他统一煮。中午休工时，从锅里拎出热气腾腾的蒲包饭，就着豆腐乳、梅干菜、雪菜豆腐干，一斤大米烧成的饭如风卷残云般瞬间被消灭了。有人不理解，在工地干活这么累，为什么还要争着去干？当时我有我的考虑，这样最能体现我的价值，在家里再卖力也只有五分工分，天天与女同胞们一起干活，心里很不是滋味。上工地虽然累点苦点，但每天都是超过十分工分的，这样做很能满足一个小男子汉的自尊心。当然，除此之外还有一个很重要的原因。生产队里的社员不愿上工地，队里为了鼓励社员去工地，每天补贴半斤大米，这一点对我有相当大的诱惑力，因为我当时正在长身体，常常为吃不饱饭而犯愁，有了这半斤米垫底，再加上从家里带的米，至少可以吃一餐饱饭了。于是我就成了工地上的"长驻民工"，一干就是一两个月。

我所在的生产队处在一块东西走向的狭长地带，从东边到西边足足有四里路，为了节省时间，种田、割稻、耘田都是要带蒲包饭的，把蒸好的蒲包饭和装菜的小竹筒一起挂在腰间的裤带上，中午就在田埂上吃蒲包饭。我最向往的是初夏耘田除草时节，一边耘田，一边听老人讲故事、唱山歌。海有伯是人们公认的"山歌王"，他创作的山歌通俗易懂，风趣幽默。有一次耘田时，我突发奇想，叫他以蒲包饭为题打一首歌。不愧为"山歌王"，他略加思索，张口就来："男女老小来耘田，蒲包米饭挂腰间，想吃就吃真方便，快活逍遥赛神仙。"他用独特的抑扬顿挫的声音唱出来，别有一番韵味。可是有时打山歌也会给他惹来无妄之灾。有一天，我们正在孟塘垅耘田，刚好海有伯的叔叔婶婶在近在咫尺的水井边洗被子，海有伯的叔叔是村里有名的"憨爷"，脾气火暴，没人敢惹他，我们就撺掇海有伯能不能用他叔叔婶婶编一首山歌。海有伯随口就唱起了山歌："樟妮阿嬷出来天不明，有梅出来路不平，俺婶婶出来满天星，俺叔叔出来一盏高灯（樟妮奶奶是个瞎子，有梅是个瘸子，他婶婶脸上有麻子，他叔叔是个癞痢头，没有头发）。"他的叔叔、婶婶听了以后，回到家里各抄了一件家伙，叔叔拿了一根柴冲，婶婶拿了一根扁担，守在田埂上，不让海有伯上来，他婶婶还骂骂咧咧："你这个短命鬼，今天你不要上来，上来就打废你。"可怜的海有伯一直被堵在稻田中央，还好随身携带了蒲包饭，饿了扒拉几口，就这样僵持了三四个小时，最后海有伯承认了错误，表示今后一定悔改，才得以逃出稻田。

最有趣的是省文艺工作队下乡，有一个三十个人的宣传队就分在我们村里，其中有国家一级演员"越剧皇后"姚水娟、越剧名旦陈小花等人，不少都是文艺界的大腕。他们初来乍到，对黑不溜秋的蒲包饭难以接受，到中午开饭时，一堆蒲包饭原封不动放在那里。当时我是他们的联络员，不管我好说歹说，这些文人雅士就是不愿接受蒲包饭。后来我和一个姓阚的队长讲蒲包饭是很香很好吃的，并鼓励他不妨吃吃看，他终于鼓足勇气从我的蒲包里挑了一点饭尝了尝，吃了以后竟赞不绝口，告诉他的同行这个饭真的很香、很好吃。于是这些文艺工作者很快就将那些蒲包饭一扫而光，他们还缠着我，要求我天天给他们煮蒲包饭。我告诉他们，只有在外面烧饭不方便的时候，才会煮蒲包饭吃。看到他们脸上写满了失望，跟队长商量后，我到县城一口气买了五百只蒲包，中饭、晚饭都煮蒲包饭给他们吃。更有意思的是，他们还创造性地把猪肉、香菇、豆腐干切成丁，和大米拌起来一起煮，饭菜同时熟。看到他们吃蒲包饭吃得津津有味，想到当初他们拒绝吃蒲包饭时的那种抵触情绪，我情不自禁地笑了。

后来到了二十世纪八十年代初期，蒲包逐渐被铝质饭盒代替了，我们就难得再吃到那散发着淡淡香味的蒲包饭了。

近年来，龙游县庙下乡长生桥村推出了"重走红军路，品尝蒲包饭"的红色经典旅游项目，受到游客们的热捧。为配合旅游项目的开展，已经消失多年的蒲包饭，又重新出现了。吃着香气扑鼻的蒲包饭，不禁让人回忆起那曾经的似水年华、峥嵘岁月。

立夏的饭粿

赵春媚

立夏真是一个美好的节气。在这一天里，阳光灿烂，心里便有一种"迎夏之首，末春之垂"的戚戚感。我们一方面殷切期待，迎接初夏的到来；一方面又备上美食，饯别美好春天的远去，迎来耕田插秧的繁忙。

记忆中每逢立夏，外婆总要烧粥捞饭。待米饭煮得半生不熟之时，外婆会捞出一部分，剩下的米饭则继续在锅里慢慢地煮，最后熬成浓厚香醇的白米粥。而捞出的这一部分就会改变它的命运了，变成了另一种特色的美味——饭粿。

外婆将这生米饭放进石臼里，用木杵不停地捶打碾压，打至稀烂，碾成一团，再用手捏成一个个均匀的扁扁的小团子，因为这些小团子个头只有铜钱般大小，我们又唤它作铜钱粿。

铜钱粿是多么美味啊，从原本平淡无奇的白米饭，变成了洁白如玉、色泽诱人的饭粿，这鲜美的转变过程中，汤起到了神奇的催化作用。

外婆喜欢用小竹笋的笋尖来放汤。笋尖其实乃是未老未质变的笋皮，这些笋皮层层相裹，其肉质松软细嫩，且一层层之间能锁住经汤汁调和的笋鲜味，只须轻轻一口，便能汤汁横流。而断了层的笋尖，一片片地在嘴巴的咬合咀嚼之间乱撞，时而贴在上腭，时而黏附在舌苔，使整个口腔都弥漫着笋的鲜味。

少不了的还有爽口清甜的豌豆，立夏正是吃豌豆的好时节，尤其是自己家种的豌豆，粒粒清甜翠绿，再搭配上新鲜的土猪肉丝，完完全全地刺

激着你的食欲。

汤汁熬煮得好，原本无味的饭粿就能散发出诱人的香味。外婆的饭粿好吃的原因之一就是因为饭粿的个头小而均匀，所以鲜美的汤汁更能入汁入味。汤汁与米香纠缠，再配上红的辣椒、绿的葱蒜、翡翠般的豌豆，就足以让人垂涎欲滴。只要你尝一口，留在你口中的只有猪油的浓烈香味与笋尖的细密爽脆，两种美味相互交融相互碰撞，让你不得不啧啧称赞。

如果你不怕辣，还可以在黄灿灿的汤汁里，撒一圈干辣椒粉，当辣味夹着猪油香和着笋香，飞散荡漾开来，更是一种无休止的挑逗，把味蕾的欲望完全挑拨了起来。此时此刻，在这迷人的春末夏初，看远处的茶树苍翠透亮，丛生的杜鹃花烂漫至极，蜜蜂、彩蝶翩翩起舞，清泉、百鸟婉转吟唱，就着这一碗饭粿，怎么不让人心生陶醉满足之感呢？

外婆的一生也可谓是坎坷艰辛。听妈妈说，那动荡的十年里，由于被人陷害，正当好年纪的外公受不了批斗和侮辱的折磨，在一个晚上用一根绳子，悄悄地告别了这个世界和他的亲人。外公没有留下一句话，留下的只是一个被抄得七零八落的家，一个年轻的妻子和三个还未成年的孩子。那时，妈妈还很小，外婆几乎夜夜以泪洗面，可一想起还有年幼的孩子要抚养，又擦干眼泪，坚强地扛起了生活的担子。要知道在当时，背负着"里通外国""走资派家属"的罪名过生活，还要找工作做，是多么不容易呀。可我的外婆做到了，并且始终没有再嫁。也就是因为这个原因，外婆从溪口镇上，搬到了眠犬形这个小山村，用自己的双手和坚韧，重新筑起了一个小小的家。

外婆又是幸福的。因为她有三个孝顺的孩子，还有五个可爱的宝贝。小时候的我们就喜欢围着她转，她常常眯着眼睛，笑着说："你们这些孩子就是我的宝啊！"她常常会陪我们打牌，为我们做好吃的，有时候还会摸出几个硬币，让我们去小店里买零食吃。她还喜欢养猫，我们常常看见她温柔地呼唤着猫的名字，温柔地把猫抱在腿上，温柔地喂小鱼干给猫吃。

外婆的手是那么巧。无论是做布鞋、扎竹刷、削竹筷，还是做肉圆、裹粽子、酿酒酿……都是那么精致，又独一无二。所以，小时候的我们脚上踩的永远是一双软软又温暖的布鞋，吃的永远是别处吃不到的美味。所以，一到暑假，即使要搭乘中巴车一路吐到溪口，即使要走好久的山路，也阻挡不了我们扑向外婆的心。

对于生活，外婆从来没抱怨过什么，而是想尽办法都要把日子过得充盈丰盛，尤其是想方设法为我们做各种好吃的美味。外婆的手巧是远近闻名的，就连这最普通的饭粿也做得不知比外面的要好吃多少。或许看着我们大快朵颐的样子，便是外婆最幸福的时刻了吧。

初夏是短暂的，立夏一过，烈日炎炎的夏季就一如既往地继续高歌猛进，正如乡间的民众一如既往地耕作忙碌起来，而我们几个小孩也一如既往地无忧无虑着。因为在这繁忙又快乐的空隙间，我们总会尝到外婆亲手做的各种美食。于是，这种温暖的家常美食，随着立夏，成了我最美好的回忆，淳朴而又亲切。

立夏的铜钱粿啊，如果外婆在的话，她又会满满地做一碗端放在我们的面前，我们又会一面品着饭粿的香，一面看着外婆那暖暖的微笑，一面准备着走进流火的夏天。那时候总觉得时光过得缓慢，小小的心里什么都不用愁，因为有外婆在啊！

如今，立夏将至，可是我再也吃不到这扁扁的饭粿了。

味道里的老底

酷暑难消，去赶赴一场龙游富硒莲子宴

李　慧

每逢盛夏厌三分，估计是大部分人酷暑难消时的心情吧。何以避暑？唯有荷乡。

有亲朋从北京来访，思量许久，觉得最应景的还是去天池荷乡避暑吧，人家大老远地从京城赶来，什么场景没有见过，但是这颇具江南特色的荷乡风情，一定没有见过。于是，我便兴冲冲地带着客人，去赶赴天池荷乡的一场盛夏约会，去品尝荷乡的龙游富硒莲子宴的味道。

赏荷最好是在日出前，我们赶到天池的时候，太阳已经很旺了，有些荷花开始羞答答躲了起来。北京来的客人依然很振奋，连忙拍摄各种摇曳多姿的荷花造型，忙着晒朋友圈，并在现场和北京的家人视频连线，一定要让家人也看看这里的荷花，并热情洋溢地介绍这里的荷花与颐和园的荷花不一样。是的，颐和园的荷花只能远观，不能近玩，而她现在可以真真实实地穿梭在荷田里，和每一朵对她盛开的荷花亲密接触，兴奋自然溢于言表。

我完全理解客人的兴奋，更希望让客人在品尝到地地道道的莲子宴后，对龙游有更真实的印象。毕竟作为开发龙游富硒莲子宴的参与者之一，我对这就地取材的荷花食材，还是情有独钟的。

"接天莲叶无穷碧，映日荷花别样红。"2012 年，天池荷乡的荷叶才长出来的时候，为了提升天池荷花 3A 景区的经营品质，也为了让荷花食材体现更多的附属价值、造福当地的莲农，当时的龙游县风景旅游管理局和横山镇政府决定开发龙游特色美食，研发一桌龙游富硒莲子宴。我是研发

组的成员之一，做的是品牌包装和宣传推广等具体事宜。为了推出这一桌盛宴，我们经过了三个多月的精心策划和细节打磨。2012年7月18日，在龙游蓝天清水湾大酒店里，一桌别具风味的龙游富硒莲子宴终于端上台面，接受美食家和食客们的最终检验。这道食材全部取自天池荷乡的龙游富硒莲子宴，是我们从初期开发出来的几十道菜式中，精心挑选出来的"毕业"作品，包括一道茶水、两道饮品、九道富硒小菜、十二道热菜和两道点心。

记得那天我用心设计的开场语很美：

蓝天清水两相映，绿荷粉莲总相宜。在蓝天清水湾大酒店精心搭建的舞台上，丝竹管弦吟唱着江南水乡的无限风情，紫砂茶道品尝着龙游的文化底蕴，身着旗袍的荷花仙子，笑盈盈迎来八方来宾。

首先上的是功夫莲心茶。紫砂喷水莲子心，此茶外形细紧纤秀，色泽绿中带黄，汤色橙绿清澈，叶底嫩匀成朵。泡在杯中，两叶相对而开，中间竖一芽心，犹如莲子瓣心，颇有情趣，细细品来，香气清幽，味醇鲜爽，为我国传统名茶。

两道饮品是鲜莲汁和雪梨汁，是用现采的富硒莲子和鲜梨现榨的。嘬一口甜酸味爽，把你带入甜蜜的味觉世界，是炎炎夏日消暑的绝佳饮品。

接下来的九道富硒小菜，是龙游寻常百姓餐桌上的一道新景。分别是藕断丝连、观音送子、五彩缤纷、巧手素衣、碧玉荷花、龙腾云海、掌上明珠、忆苦思甜和龙粥硒照，用来自龙游富硒地带的莲藕、莲子和豇豆等农畜产品做成。特别是龙粥硒照，是用富硒新米加入鸡丝、鱼丝、火腿丝精心熬制的营养粥，佐以龙游特有的小辣椒和酸豇豆食用，甘之如饴，酸辣适中，别有一番风味。可别小看这些富硒小菜，实为健康大餐，食用一餐就可以满足人体十五天的补硒含量。

最后上的是大家期盼许久的热菜——

一、牛气冲天：传说诸葛亮七擒孟获后，为了奖励牛气冲天的士气，就用牛头来犒赏众将士。这道菜需要将整只牛头蒸熟，再配以不同的辅料。由于牛头上每个部位的肉质对于火候的要求都不同，要让每一块肉都能鲜嫩湿润，令人齿颊留香，实在不是容易的事情。

二、珠莲璧合："东门买猪肉，蒸莲最知名"，用龙游乌猪肉裹着莲子

做成的莲蓬，开在白白的小馒头山上，是珠莲璧合的另一种意境。

三、瓜田硒鸭：鲜嫩的富硒莲子、美味的龙游土鸭，共赴瑶池，各献其味，鲜香味美。

四、莲塘四宝：莲子、嫩菱、芦笋和莲藕四样清炒，引人走进恬静的荷塘边，品味清口美味的荷塘秋实。

五、莲升三级：滋补炖山鸡，夏日滋补正当时！三节莲藕寄寓着未来的生活节节高升、美满和谐的美好祝福。

六、鸿运宝鼎：原汁原味的红汤山龟，龟肉细腻紧实，汤味浓郁鲜香，有清热解毒之功效，可将祛湿进行到底。

七、莲动渔舟：传说春秋战国时期，徐偃王因为逃避战乱到了龙游的社阳，吃了社阳的太白鱼头炖盐卤豆腐后赞不绝口，他留恋社阳的山清水秀和地肥鱼美，就决定定居龙游，成就了龙游深厚的徐氏文化，也成就了龙游的一道名菜。

八、荷塘月色：绿色的荷叶映衬着粉色的荷花，白色的鱼丸富有弹性，汤味鲜美独特。

九、荷塘白玉："有骨还从肉上生"说的是螃蟹，这道冬瓜烩蟹肉，将无比鲜美的蟹肉和冬瓜的清甜相互吸收，共同烘托，还有一定的减肥功效。

十、龙游天下：有"地龙"之称的土泥鳅，是鱼类中含钙最多的一种，佐以有美容功效的丝瓜，食补功能齐全。

十一、六蔬翔凤：江浙人把茄子叫作六蔬，是时令的保健蔬菜，常吃茄子可防治高血压、冠心病、动脉硬化等疾病。把茄子做成茄子煲，变着

花样吃，味道更加软滑可口。

十二、甘泉翡翠：用清澈的富硒山泉培养的嫩绿的芥菜，具有降脂、降压、祛火、防癌的功效。

接下来是两道点心，第一道是富硒八宝：由玉米、花生、莲子、红薯、芋艿、南瓜、土豆和菱角等八种龙游土特产组成，富含胡萝卜素。颜色越深的果蔬，营养价值越高，还具有养颜美容和延缓衰老的功效，是养生长寿的秘诀。

第二道是心心相印：纤手搓来玉色匀，碧油煎出嫩黄深。黄的透亮，白的晶莹，发糕发糕，福高福高，寓意各位福泽绵长、步步高升。

虽然时隔七年整，我还是能够清晰地记得，当主持人吆喝着把这桌龙游富硒莲子宴全部端上桌的时候，我们收获的是食客们连连不断的掌声和高高竖起的大拇指。我不会研发美食，我也不是吃货，但我对这桌莲子宴，倾注的心血一点不亚于那些在后厨里忙碌的大厨们。这桌从天池荷田里取出食材做成的莲子宴，每一个细节都经过我们研发组成员的精心策划和包装，每一个名字都经过我们的反复推敲和细心琢磨，才最终登上蓝天清水湾大酒店这样的大雅之堂。如今丑媳妇终于见公婆了，我们又怎能不激动？

果然，北京来的客人在天池荷乡的赏荷山庄，品尝到这些七年前在龙游富硒莲子宴上开发出来的特色菜肴后，对此情此景此种美味赞不绝口。喝着散发着淡淡莲子香味的莲子酒，竟然流连忘返，舍不得离去了。赏荷山庄的老板娘说，每年6月至8月，慕名来天池赏荷、吃莲子宴的游客，会络绎不绝地到来，直到荷花全部开败、新莲全部上市为止。

莲子羹，香香甜甜的味道

徐金渭

一方水土养一方人，一方人有一方人的生存方式和生活习惯。我的老家在衢州市衢江区北部，四面环山，环境优美，整个地区土沃水丰，不过当地人并不种莲，偶尔有水田里挨挨挤挤地长着荷叶，那种的是藕，主要是取其根部食用。藕的模样像极了灌猪肠，一节一节的，可生吃，也可炒片炒丝炒熟了做菜肴。我小时候很喜欢吃生藕，味微甜，咬一口还能拉出像蜘蛛丝一样的丝，演绎真实版的"藕断丝连"。

二十世纪八十年代初期，我从学校毕业，被分配到刚复县的龙游工作。我这才见到莲子，然后渐渐熟悉莲子，而原因则是龙游有一大名特产——志棠白莲。初到志棠乡，见田畈里长着一望无际的荷叶，这里的荷叶和老家种的并没有什么不同，不同的是荷叶间冒出一朵朵或洁白或粉红或红白兼有的各色花来。志棠乡干部告诉我，这种的是莲子。由于莲子是当地农户主要的也是最重要的经济收入来源，因此政府对莲子的种植高度重视，自八十年代后期开始，多年来一直致力于帮助农户提高产量，后来还去外地引进了"太空莲"等新品种。为了打品牌拓市场，还曾注册过"天子贡珠"商标。不过，"天子贡珠"名称虽高大上，我却偏爱"志棠白莲"这一传统叫法。

志棠白莲的历史，据说可追溯到近九百年前的南宋初年。高宗南渡，建都临安，有大量臣民随之南下，其中有位邵姓医生后来卜居梓塘（志棠）。某日早晨，邵医生信步田野，不意竟遇到一株莲荷，不由喜出望外：莲子是一味良药啊！他如获至宝，把莲荷移栽到家门口的田里，悉心培育。从此，莲子便在志棠一带繁衍发展起来，后来还成了当地一大名特产。不过，志棠白莲起源于邵医生，这只是个传说，我曾多次去志棠一带求证，结果都无功而返。然而，无论真假，这个起源说还是合乎情理，蛮有意趣的。

我参加工作之初，志棠白莲种植面积虽在千亩以上，但产量不高，亩产也就五六十斤，最高亩产不超过八十斤，故而莲子大多销往各大都市，本地寻常百姓倒是不大有消费的。随着品种的改良更新，莲子产量猛增，最高亩产可达二百三十斤。莲子多了，于是种植户除了出售，也舍得备些自家食用，而普通人家买些来做食材或保健食品渐渐也成了平常事。于是，莲子羹闪亮登场了。

莲子羹的做法极其简易：晒干的通芯莲去掉一层薄膜状的外衣，倒进冷水里煮熟，然后加进适量白糖或冰糖，这就成了。可以用铁锅煮，也可以用高压锅煮，讲究一点的则用砂锅煮。如果用砂锅煮，最好用文火慢慢

熬，莲子内在的香味就熬出来了，吃起来口感会更佳。

由于广种莲子，于是在暮春至初秋时节，志棠一带便有了一道"接天莲叶无穷碧，映日荷花别样红"的盛景，于是就有从四面八方涌来的观光客。我第一次吃到莲子羹，也是在一次前去赏景时遇到的。三十年前的某个盛夏时节，在志棠白莲种植中心地带的横山镇天池村的一家"农家乐"里，十来个人围着餐桌，老板端上一大砂罐莲子羹，为每个食客盛上一小碗，冰冰凉凉的，大伙细细品慢慢咽，回味无穷。后来，我每次参加聚餐，莲子羹都是必不可少的一道美味，万一没有，其他食客们也都会嚷嚷着要莲子羹。这大概是因为莲子羹具有开胃的功效，正席开张前吃上一小碗莲子羹，那是十足的享受。

在物资丰裕的时候，人们总是舍得在吃的事上下功夫。这些年来，莲子羹的花样也不断在翻新，比如在做莲子羹时添加些白木耳、枸杞子、红枣等等，这就让莲子羹的花色变多了、品位也提高了，其食疗食补的功效也强化且多样化了，因而也就更受人们的喜爱和欢迎了。莲子羹，现在已经成了龙游大小饭店餐馆必备的美食，在龙游寻常百姓家也渐渐得到了普及。我突然想，该把莲子引种到老家去，让家乡的父老乡亲也能赏莲花之艳美、尝莲子羹之香甜。

味道里的老味

庙下酒的醇香

吴安春

调龙游县城工作已经有几年了，庙下的竹海、古道、红豆杉，蓝天、白云、绿葱湖，龙井、清泉、庙下酒，深深地印在脑海里，留在记忆中。一竹一木，一山一水，都是那么的熟悉，那么的亲切。因为那里有生我养我的大山，那里是我工作了近二十年的故乡。

庙下可以说的东西太多太多了，今天先来说说那醇香的庙下酒吧。

如果说庙下的竹养育了我，那庙下的酒则滋润了我的生活，也一路陪伴着我的成长。我爱家乡、爱家乡人、爱家乡那连绵百里的竹，但我更爱家乡醇厚、芳香的庙下酒……

又到农历十月初十，我的母亲又要开始酿酒了。我虽然一直在家乡附近工作，但平时总因为工作忙或种种原因难得回家，往往只有在节假日才有空闲回家看看父母。但是每到农历十月酿酒的时节，我肯定要抽出时间回到我的老家，第一时间喝上母亲酿的酒，品味那庙下酒的醇香。

说起庙下酒，当然得先说说它的历史。相传，庙下酒的正式酿制始于清咸丰三年（1853年），当时有一位青年叫朱广源，平素喜好收集民间酿酒技艺的资料，并勤于实践。曾在庙下街上建一酒坊，继而又开设一爿"广源酒店"，专营庙下酒。此酒乃用祖传研制的酒曲酿造，其曲呈正方形，酿成"酒娘"后，以庙下溪水配和过缸，至半月后待酒呈黄色，香气清醇扑鼻时即可取食。朱广源病故后，其弟朱广茂和朱卫松继承长兄的产业，更兴酒坊，将店号易名为"广茂酒店"。制酒时，依照原配方，佐以

小米和催酵草药配制成新酒酿，制成一种新黄酒。此酒饮后让人大为爽心，故又称作"甘生老酒"。老店曾有酒联：

> 庙下好水，酿成春夏秋冬酒；
> 庙下好酒，醉倒东西南北客。

　　说庙下酒更少不了说说它的美丽传说。传说在乾隆年间，乾隆下江南，到达龙游，游遍诸名山好水之后，返回灵山，在三位太监的劝说下，一行四人在灵山一户名叫阿三的农户家住下。阿三提出一个大毛竹筒，告诉乾隆等人："此酒是我在庙下的姐夫所赠，请客人品尝。"并把客人面前的酒杯倒满。乾隆见桌上的豆腐如此美盛，面前的米酒阵阵醇香，便开怀畅饮起来。一番品尝之下，大有今天民间的酒菜，竟赛过宫中的美酒佳肴之感。乾隆对阿三的热情款待十分感激，临行前从袖中取出黄绫三尺，书写一行大字——"灵山豆腐庙下酒"，并取出银子和铜钱，放在阿三桌上。从此，庙下酒被公认为龙游特产。

　　庙下酒的有名，还因为它是采用独特的工艺、在特定的季节、用当地村民自种的糯米、自制的酒曲和当地没有任何杂质的天然山泉水精心酿制而成。庙下人有一套做酒的绝活，要经过浸米、蒸饭、备曲、凉饭、拌饭、圆涡、封口、发酵、加水、装坛、加饭等多道工艺。

　　庙下酒的酿制时间也十分讲究，一般都是在农历十月初十的前后，所以农历十月初十成了当地的"酿酒日"。在这一天，家家户户都用优质糯米、红酒曲或白酒曲酿制庙下酒。如果你在这个时候来庙下，那满村子的酒香，和着那漫山遍野的竹香，在青色的山岚里飘荡，你会感到整个空气中都弥漫着浓郁的醇香，让你忍不住做两下深呼吸，精神为之一振。

老人们说庙下酒能滋阴壮阳、调理肠胃，有延年益寿之效。庙下人因为生活在竹海里，有清新空气、天然氧吧的滋养，而身体健壮；庙下人因为喝着庙下酒，有醇厚、清香的琼浆滋润，而精神饱满。庙下人，淳朴善良、热情好客。当地流传着这样一句话："没菜酒有"，客人进了门，餐桌之上，摆多摆少，摆荤摆素，无所谓，只是不能没那几碗酒。有酒才有味，才能你情我愿天上地下地聊，才能大喝大笑个没完。庙下人家中不怕客人多，客人多了，酒喝得多，知己也多，这可不是大好事？而且要把客人喝得烂醉如泥才高兴，才能够显示主人的好客、主人的热情。

庙下人过年过节喝酒，平时也喝酒；喜庆时喝酒，悲哀的时候也喝酒；小孩满月要做满月酒，长了一岁要摆过周酒，结婚造房，起基上梁，亲朋团聚，到处荡漾着酒的醇香。特别是在春节，家家户户从初一喝到十五，喝得天昏地暗，好像要把一年的辛劳忘得干干净净。过年要"谢年"，除了自己喝，还要倒上几碗酒，以及捧上一只煮熟了的鸡鸭或摆上其他肉类，燃放鞭炮，祭拜祖宗，祈祷来年风调雨顺、福泰安康。

庙下人喝酒，讲究的是个爽快。高兴时喝酒，传出的爽朗的笑声，和着那地道的猜拳行酒令，十里八里以外都能听到。忧愁时、满肚子火气时喝酒，自是个浇愁解怨的好办法，哪怕你有多大的怨恨、再大的火气，只要一碰杯，几杯酒下肚，什么都烟消云散了。如果一个人遇到什么打击，就一个劲地喝酒，醉了以后，呼呼大睡，一觉醒来，什么事情都想得开了。一顿酒喝下去，通体舒泰，然后躺在床上美美地醉一觉，所有的辛劳都忘记了。庙下人都说，一个男子汉连水酒都不敢喝，那就不是真正的男子汉了。

……

我离开家乡调县城工作已经有些年了，每到酿酒的时节，我都会如期回到老家。那空气里飘荡的，醉人的庙下酒的醇香，永远都是那么浓烈、那么醇厚。

庙下米酒，愈久弥香

余筱琴

虽说是酒仙的女儿，我却滴酒不沾；虽说是滴酒不沾，我却十分怀念庙下米酒的清越醇香……

因为家有酒仙，所以儿时的我一直浸润着酒香长大成人。三五个好友，一碟花生米，一盘炒青豆，外加几个荤素小炒，一壶清澈透亮、色泽殷红、醇厚馥郁、酷似瑶池玉液的庙下米酒，围着方桌海阔天空地聊。谢伯和陈叔便是其中两位常客。懂事的我，常常是酒桌旁那个边看书边帮忙筛酒的小姑娘。

甜甜糯糯的酒酿香味熏陶得久了，我忍不住好奇："谢伯、陈叔，这酒好喝吗？"谢伯笑眯眯地抿上一口，啧啧赞叹："醇厚甘甜，余香绵长；闻香下马，回味悠远……"校长出身的陈叔更是意味深长："筱啊，米酒的味道啊，不仅仅在于酒本身……"看我懵懂的模样，谢伯哈哈一笑："这样吧，农历十月初十来伯伯家看看……"

如期赴约。酒仙老爸带着我和妹妹一进谢伯的村庄，空气中那丝丝缕缕的酒香扑鼻而来，渐渐地，让我滋生出微醉般的缥缈感。

看谢伯做米酒是一种享受。谢伯一边捞着浸泡在水缸里的白花花的糯米，一边介绍："做酒一般分淘米、蒸饭、拌曲、焐酒这四步。选料的优劣、比例的掌控、温度的掌控、时间的掌控，这些都会影响米酒的质量和口感……"

爱烧火的我，又在谢伯家自告奋勇地干起"老本行"。各种柴火在我

味道里的老味

这个"童工"的娴熟操作下，烧得吱吱作响。又干又香的酒米饭浓郁的香气开始在屋子里浓烈地弥漫开来。雪白的糯米蒸熟后，伸长腰杆，变得柔软肥胖，亮晶晶的，犹如小蜂蛹般诱人，看得我和妹妹馋涎欲滴。妹妹胆子比较大，经受不住馋虫的折磨，终于道出我俩共同的心声："伯伯，这么香，能不能来个饭团？"声音比眼神快——爸爸想使眼色制止馋猫已来不及了！"好嘞！来两个！大小姐和二小姐难得来一趟！"伯伯的声音总是这么爽朗，我和妹妹朝爸爸做鬼脸显示得意状，呵呵，在酒米饭的诱惑下，爸爸的威严咱已视而不见！瞧这对小馋猫好像从未吃过的馋样，爸爸真是觉得丢了颜面——除了摇头还是摇头，那眼神似乎是在警告："教养呢？教养！"妹妹边啃饭团，边悄悄给我壮胆："难得吃上这么香的饭团，别看爸爸那难看的模样……"我也埋头啃饭团，假装没看见。饭团好香，其他的不管不管……

啃好饭团，看谢伯拌曲。谢伯把蒸好的米饭放在器具上摊凉，然后拌上适量的酒曲。"海清啊，知道你上次说的那酒为什么口感不好吗？你没做过酒不懂，原因就在于：一是酒曲要好；二是要等酒米饭摊凉了再拌酒曲，否则就会发酸。做米酒很有讲究，要有适宜的温度，温度达不到或是掌握不好，做出来的米酒就会苦，口感也不好。"谢伯的现场指导让从小到大一直做班长的爸爸频频点头，呵呵，酒仙也有机会进修点酒文化！屋顶明瓦上的阳光漏下来，谢伯的手在光线里麻利地翻动，空气中氤氲着农

家的喜悦……

　　该焐酒了。糯米和酒曲拌匀之后，谢伯用一只很大的陶瓷坛把它们封存起来。坛外扎上厚厚的旧棉被，上面覆盖着一只用稻草编织起来的大草蒲。"酒也怕冷啊？棉被这么厚！"我和妹妹真是想不明白！"甜酒要做得好，必须'饭要冷，窝要滚'！"谢伯真是富有经验！"好，酿造过程就是这样，两三个星期以后，让你们爸妈再带你们来看看，这坛里又会是啥模样！"

　　朔风飞雪挡不住我们对酒神的渴慕之情，三周后，我们又出现在谢伯家。

　　"哇，什么情况？"妹妹好奇心比我还强，她已掀开草蒲一角，"哎，姐姐，你快来看！"我疾步而至，发现米饭和酒曲已经化开了，中间有不少的气泡在往上冒。习惯于烧火的我目瞪口呆："不用火烧也冒泡？"谢伯闻讯而至："哦，不急，我先尝尝。"只见他用陶瓷瓢羹舀了一小勺，抿上一小口，慢慢地咽下去，渐渐露出欣慰的神色："嗯，现在只要把那些酒酿撇开，酒已经可以尝鲜了。"谢伯给爸爸盛了一碗。妹妹本来就大的眼睛睁得更大了："哇！漂亮！"真的呢！盛在杯子里的米酒色泽可人，沉淀之后，上层是清澈甘洌的酒水，下层是雪白绵软的饭粒。我和妹妹忍不住舔舔舌头，咽着口水："爸，好不好喝？"酒仙连连点头："嗯，甜而不腻，酒香清纯……""我好不好用筷子蘸一蘸？"妹妹小心试探。"不行，女娃喝酒，成何体统！""哼，老封建！酒好喝，想自己独享……"嘀咕声轻得只敢让自己听见……

告辞谢伯时，我们带回一些过滤好的米酒。陈叔来时，爸邀请他品尝。陈叔是文化人，他端起酒杯，入嘴稍抿："嗯，庙下米酒，清凉甘洌，糯香滋润，气爽神清！"他放下酒杯，"一口下去，一股滚烫的热流迅速传遍全身，又暖又润，浑身舒坦！这样清甜淡和的口味会让人忘了它是酒，能于不知不觉中醉入人的骨髓……"

谢伯的米酒，酥软心骨，沁透灵肉。

谢伯的米心，愈久弥香。

怀念甜酒酿

赵春媚

走过老菜场的那条弄堂，忽然看见一大盆摆在店门口的甜酒酿，晶莹诱人，于是记忆的大门就这么被敲开了，回忆如洪水般涌上心头。外婆那慈祥和蔼的面庞又出现在了眼前，仿佛她在轻轻地喊我："春春，快来尝一尝，我做的甜酒酿好了，可以吃了。"那一碗酸甜可口、清香怡人的甜酒酿就这么摆在了我的面前。

记得儿时的每个盛夏，外婆都会施展她那精湛的手艺，为我们做好吃的甜酒酿。因此，在春天还没结束之时，我们便盼望着夏季来临，盼望天空中的太阳快点毒辣辣地晒，盼望空气快点变闷，等到鸟儿也飞不动了，这个时候，就会有好吃的酒酿了，外婆就要准备开始淘米蒸饭，上街买酒药了。

到了做酒酿的这一天，外婆把挑好的糯米，拣去稗子和沙石，在水里浸泡一天一夜，直至糯米发胀发白，一揉即碎便可。然后放进土灶上，点火隔水蒸。经过半个多小时的蒸和闷，在一片氤氲的雾气中，糯米饭终于出锅了，那米粒像银子似的晶莹透亮、颗粒分明，气味芳香而浓郁。那糯糯的糯米饭，我光光用白糖拌着就能吃下一碗呢。

蒸好的糯米饭倒在一个瓷钵中，一层层撒上酒药，用手夯得严严实实，然后在中间挖一个小孔，将剩下的酒曲和一点温开水倒入其中，最后用棉布紧紧包着，闷上一昼夜。在这漫长的等待中，仿佛暖暖的空气里都飘荡着酒酿的香味。

味道里的老账

等待瓷钵揭盖的那一时刻，就是我们心头埋藏的秘密将要揭晓的时刻。我们团团围着瓷钵，用滴溜溜圆的小眼睛窥视着其中的内容，恨不得能马上揭开一尝为快。外婆发现后便会柔声说道："小馋猫，还要等几个时辰呢！"淘气的我们只好屏息凝神继续等待。大家都使劲抽着鼻子，因为光是闻着那香味，心里早就痒痒的了。

　　外婆好客，她总把做好的酒酿用碗盛着，让我们给隔壁邻居每家先送上一碗，然后才让大家自己动手盛。那一刻，整条巷子里都飘着醇醇的酒酿香味，让人滋生出微醉般的缥缈感，似乎连脚步也变得轻盈了起来。

　　终于可以吃了，我迫不及待地舀了一大勺在碗里。只见做好的甜酒酿米粒似乎变得软了，颜色也变得棉絮般白里透黄，尝上一口，那种味道简直是无与伦比的美。我偏爱甜味，总觉得东西越甜就越好吃，也特别喜欢喝酒酿的汁，总觉得世界上没有比这个更好喝的东西了。但是外婆最多让我们喝一两碗，因为酒酿虽然好吃，但是也要注意由于度数不高，入口绵甜，有些人一大意，就会在不知不觉中醉倒，那就要闹笑话了。

　　我的外婆，还擅长用甜酒酿做各种各样的美食：酒酿鸡蛋、酒酿圆子、酒酿银耳……每一种都是那样香馥扑鼻，让人回味无穷。看着我们大快朵颐的样子，外婆总是在一旁默默地笑着。

　　酒酿象征着甜蜜。最有趣的是沈从文和张兆和的爱情故事。沈从文在大学里对学生张兆和一见钟情，就对其展开了锲而不舍的追求。张不知道怎么处理，情急之下，去向校长胡适求救。没想到胡适竟对他们的感情很支持，还表示要出面做媒。弄得张难为情极了。后来，沈从文托张兆和的姐姐询问张父对婚事的意见，他在信里写道："如爸爸同意，就早点让我知道，让我这个乡下人喝杯甜酒吧！"于是，张兆和就这样回信沈从文："乡下人喝杯甜酒吧！"多么温暖的对话呀！每次想起这个故事，就像喝了一口甜酒酿的感觉，有一种温暖，暖彻心扉，甜入心头。

　　你看，甜酒酿就是这么甜蜜醉人的！每每想到甜酒酿和那些与甜酒有关的故事时，总会觉得有甜酒入口，仿佛有一种甜蜜的美好在等着我们，就想着要珍惜这份美好，要好好品尝这份甜蜜。每每看到这甜蜜的酒酿，就会想到疼爱我的外婆，想到外婆那暖暖的微笑，想到外婆那双温暖的大手。

　　如果时光能够驻足，最爱我们年纪还小的时候，就这么围坐在屋檐下，听着树林里蝉的欢鸣，看着天上的云卷云舒，吃一口甘甜醇香的酒酿，那滋味是何等沁人心脾。门口倚着慈爱的外婆，笑眯眯地看着我们，即使什么也不说，心里也是甜滋滋的。那时候总觉得时光正好，外婆也永远不会老，可以永远给我们做好吃的，可以永远陪着我们。

　　可是如今我的外婆早已离开了我们，再也没有人给我做酒酿了，再也没有人暖暖地喊我的名字了。只有在记忆中还留存着那一抹酒香，还珍藏着那一碗甜甜的酒酿……

味道里的老味

北乡莲子烧

赵春媚

酒真是一个奇妙的存在。它可以大俗大雅，能搭着满桌的鱼肉畅饮，也能就着几粒花生米下肚；能独斟自酌，也能呼朋引伴；能一醉方休，也能小酌微醺。不过作为一个普通百姓，最爱的还是自家酿制的酒，没有勾兑、没有掺杂，有的只是或浓或淡的醇香，有的只是这一口浓郁的记忆。

一方水土酿一方美酒。北乡有大片的荷花，有极富盛名的富硒莲，所以北乡的莲子烧也就特别出名，北乡人就擅长吊莲子烧。

北乡莲子烧酒色清亮微黄，酒精浓度较低，风味独特。与一般谷物不同，莲子蒸煮时会变成糊状，比较难以酿酒，所以更显得莲子烧的珍贵。传统的土法是用谷糠拌碎莲子再蒸煮，再加以三年以上的自然窖藏，经过这样漫长的时间之后，才会变成柔和醇香的美酒。

传统的烧酒气味浓烈，如烈焰般撕扯着我们的喉咙，而莲子烧相对而言，它的酒味更醇和，更容易入口。

北乡田地广，农活多，北乡人世世代代勤劳持家。所以，北乡人没空说呢哝软语，而是喜欢扯着嗓门大声喊，说话干脆利落。如果有三五好友来拜访，北乡人的好客，就全体现在这一碗碗的烧酒上面了。这莲子烧，正如北乡人的性格，既内敛又大气。所有的豪爽霸气都浓缩在这杯酒中，透过这杯酒，废话不多说，情意便直达心底，酣畅淋漓。

第一次认识莲子烧是在北乡人的喜酒席上，桌子中间摆满了各种酒水，除了必备的红酒、啤酒、白酒外，主人家还摆了一瓶矿泉水。我以为真的是矿泉水，拿起来就往杯子里倒，结果引得同桌的朋友哈哈大笑。

"这是莲子烧，可不是水！"

我闹了个大红脸，可是在杯子里已经倒满三分之一，我左右为难地拿着杯子。

"你尝尝看，入口很好的！"有一个朋友起哄道，"和别的白酒不一样。"

我试着闻了一闻，这香味确实不刺鼻，也就小心翼翼地伸出舌头来舔了一舔，果然与那些浓郁的白酒不同，只是对我来说还是有点凶猛，看着我又咋舌又扇风的样子，一桌人都笑了。为了表示这酒的好喝，几个北乡朋友一抿一大口，让我佩服不已。

到了春节，北乡更是无酒不成席。大家围坐在饭桌前，其乐融融，每人斟上一大碗，配上大鱼大肉，痛快的话就来了。所谓"酒不醉人人自醉"，只要嗅着醇醇的酒香味，什么绅士风度，什么举止得体，统统都抛到了脑后。

随着喝酒步入高潮，莲子烧的后劲也就开始发威了。北乡人兴头上来的时候是一定要猜拳的：拳福寿，福寿拳，元宝一对，一定恭喜，两家都好，三元及第，四季发财，五进魁首，六六大顺，七巧多多，八仙进寿，九马快鞭，十全大发（满堂福禄）……在一声声极具北乡特色的行酒令中，酒桌上的气氛进入了白热化的阶段。我们几个不喝酒的即使在旁边听着看着，也是觉得极为有趣的。

你看，一个个拳头紧攥，声音洪亮，不管是友谊情深似海，还是无话可说的初识，只要坐在酒桌上，随着此起彼伏的猜拳声，任何人都会如兄弟般亲密无间起来。

这似火般浓烈的情意，全来自这自家酿制的莲子烧，男人们的大嗓门、女人们的热情招呼，使酒席上的温度不断上升。让人不禁遥想起诗仙李白当年斗酒诗百篇的气势，他那无酒不成诗的性子，似乎与这北乡人的待客之道也是有得一拼的。

所以，北乡莲子烧、南乡米酒的美名可不是吹出来的！

味道里的老味

人间有味是清欢

田志宏

小时候我听到过一个竹子的谜语："嘴尖皮厚，腹中空空"，觉得竹子承受了天大的冤屈，以致一直对出谜者耿耿于怀。后来读到李苦禅的诗："未曾出土便有节，纵使凌云仍虚心"，忍不住拍案叫绝，仿佛了却了多年来我欲为竹子翻案的夙愿。

小时候，竹子给予我最大的快乐便是荡秋千：盛夏，我们把山坳里两株相邻的翠弯弯修竹手挽手，把参差披拂的竹丝结成密密匝匝的死结，最轻柔、最有意境的竹秋千就做成了。清泉和着山风，嘤嘤鸟语和着聒噪的蝉鸣，在一片翠绿中，小伙伴们打上秋千，晃荡着双脚轻轻摇摆，斑驳的阳光从密密的竹林中倾泻下来，我们小小的影子便随着婆娑的竹影在风中飘荡……

看吧，惊蛰一过，春风拂柳，纤纤雨丝滋润着山川万物。春雷从天边滚过，仿佛迎春的鞭炮，在午夜划过山民的睡梦，惊醒了酣睡在地下的笋芽。大地满是裂缝，犹如女人腹部长满密密麻麻的妊娠纹；破土的竹笋纷纷露出嫩黄的小头，竹林就像一个手忙脚乱的接生婆，她还没来得及抱住这个娃，那边的娃又迫不及待地探头出世了。即便我们这些"笋盲"上山也能惊叫着发现几株，忙不迭地倒腾起来。可费了半天劲，只挖了半个腰身，那白白嫩嫩、鼓鼓圆圆的脚脖子却还埋在深土里，搦管之手哪里有办法让它轻易离开生他养他的大地之母呢？稍有经验的挖笋老手总能在灌木丛中、在铺满厚厚竹叶的泥土地中，寻觅到尚未破土的嫩笋，一根"雪嫩

雪嫩"的白笋起土之时，多么让人惊喜。记得有人曾在我家门口对面的青山脚挖出过一株一米多高足有三十多斤的"泥地白"，大伙横抱着，那白白胖胖的模样，活脱脱就是个惹人喜爱的娃娃，笋尖像极了长着绒毛的小嘴，仿佛是笑成了一朵嫩黄的小花；竖起来抱，就像变成了一个站在村姑面前相亲的小伙子，白白净净的，根部长满密密麻麻的粗大红"痣"（其实这样的笋最鲜嫩），腼腆憨厚，简直是帅呆了。

竹笋是中国的传统佳肴，味香质脆，食用和栽培历史极为悠久。《诗经》中就有"加豆之实，笋菹鱼醢""其簌伊何，惟笋及蒲"等诗句。春笋鲜食，味道更是鲜美，营养价值也很高，食、疗功能兼具。春笋还可以加工成罐头。从二十世纪八十年代开始，龙游城南到处都是笋厂，上圩头"罐头厂"更是老牌企业，无人不晓。但制成罐头的笋总是缺了鲜味，我最喜欢的竹笋小吃是母亲做的辣笋块（俗名"咸笋"）。

剥去春笋厚实、鲜黄、粉红、褐色的外壳，切取洁白如玉、手感饱满的根部几节（辣笋块以避嫩趋老为上乘），均匀地切成"红烧肉"似的

块状，入清水锅煮透，添加油盐酱酒，放八角、茴香、桂皮、干辣椒入味。母亲还有一味特殊的作料，那便是腌菜汁。这辣笋块文火要煮大半天，晌午过后，母亲大灶的烟囱就这么向着青山招摇，待到满屋飘香，红辣辣的笋块起锅时，我能一口气吃上一大碗，只等母亲嗔怪我"吃多了滑肠，肚子不舒服"才罢休。后来我也尝试着做辣笋块，可惜我们现在的煤气炉上再也做不出味道那么鲜美的辣笋块了，一则缺了柴火灶的旺热，二则缺了文火煮透的耐心和时间，三是欠缺了母亲加入的特殊腌菜汁啊。

用笋做的干制品小吃，最喜欢母亲做的"笋豆"：先适时浸泡适量的黄豆或花生米，把春笋切成片状，笋、豆一起清水入锅、煮透，入味方法与辣笋块同，笊篱起锅、晾干，放在太阳下暴晒，只需两个春阳的时间，我们最喜好的美味小吃——馋嘴笋豆便制作成功了。我在外十几年，每一个春天都能吃到母亲做的笋豆子。我现在也能如法炮制，只是也还是少了些母亲制作的笋豆特有的美味。

至于冬笋，却如调皮的顽童，藏匿得甚为诡秘，没有耐心和学问的人是对付不了的。五姐夫是远近闻名的"笋神"：他能从竹节的疏密、竹子生长的阴阳两面、俯仰沉浮的竹枝朝向，来判定竹鞭的走向、冬笋生长的准确位置，甚至能推算出这株竹子能有几个娃，是大还是小！我们茫然无知地跟着他在山上瞎转，屡屡受挫。为了不让我们失望，他会把预先勘察到的宝贝疙瘩用树枝插上做好标识，然后嘱咐我们在标记处动土挖笋。这种"按图索骥"式的觅笋，虽然默认了我们的无能，但也让我们享受了挖冬笋的无尽快乐。今年初冬，我们居然挖到一根竹鞭，左右两侧齐齐整整排列着八根大小均匀的冬笋，仿佛是我们八姐妹的瑞兆。大家极度欣喜，细细地刨了泥土，绕着它们观赏，并跟它们一一合影，舍不得将它们断根起土。

　　我常常记起冬日最温情的画面——在土灶间，父亲架设了一个小煤炉，木炭火生得旺旺的，土陶罐里的冬笋和咸菜翻滚着，一家人就着黄酒，暖口暖心地喝着、聊着，直到土陶罐里的冬笋一片不剩……说也奇怪，冬笋只要遇到农家咸菜，便涩味全消。家乡的冬笋现在已经走出了青山，远销外地，我每每看到外地菜场里装满冬笋的盒子上印着"罗家冬笋"字样，便多了些许亲切，幻想着这盒子里的哪一株冬笋会留有我亲人

的手温呢。

夏秋两季，算是"笋荒"季节，但春天里，哪家农妇不晒些笋干？炖猪脚、炒肉片、煲土鸭，笋干都是吸脂入味的好伴侣。倘若美食家兴致一来，做汤团和葱花馒头时，笋干更是提味的绝好馅料。不过夏天里，我总能尝到新鲜的嫩笋——马鞭笋。马鞭笋其实是竹鞭的嫩梢分枝，藏于地下。妹夫是挖鞭笋的能手，仅凭一把小锄，山前屋后一蹩，一大把白嫩细长的马鞭笋便到手了。鞭笋做菜最好能切除坚硬的圆节，以保证肉质鲜嫩，肉炒、清炖皆宜。我常吃到妹妹做的火腿炖鞭笋，这道菜食材荤素相融，颜色红白相间；鞭笋鲜嫩，火腿芳香；汤色乳白，笋色淡黄，火腿红艳。这是一道极易制作的菜肴，却是色香味兼具，那个鲜美，真叫人一想起来就回味无穷。我记得"清螺炖鞭笋"还是徽菜中的一道时令名菜呢。看来鞭笋入菜，美食家更注重的是色彩的反差吧。

"雪沫乳花浮午盏，蓼茸蒿笋试春盘。人间有味是清欢。"半盏清茶，满盘山肴野蔌，在清脆的锅盆盘碗的撞击声中，感受农家乐带给我们舌尖上的"清欢"。而笋，却让这份清欢更多了一份精神层面上的从容和淡定，当笋蓄积成了竹的风姿和气节时，那便是大山真正的精魂所在了！它蓄积着积极向上的力量，吸吮着高山灵气，层层破壳，迅猛生长，在披风摇曳中，在飒飒婆娑中，终于长成亭亭玉立、和满山伙伴相依相伴的青青翠竹。"影瘦不惧风，铮骨寒中立"，正是有了这山之灵，祖祖辈辈的山民望着它，育着它，守着一片青色的梦；反过来，竹子又育着山民，护着山乡，青葱着这片土地！竹与人，便在恒久的相守相望中，融成了多姿多彩的生命群体。而这道翠色的山景，竟给我们的舌尖带来了这么多的清欢和人间至味。

春天，待飘香的炊烟袅袅升起时，一种乡愁之韵便随之慢慢地弥漫开来……

冻米糖，凝固在舌尖的芳华岁月

郑忠信

竖排印章：味道里的老味

片片冻米糖，件件躬耕事，悠悠岁月情……三百六十五个日子，缓慢而有力地穿行在二十四节气里，也许你不曾留意岁月的味道，但我十分清楚：冻米糖，是凝固在舌尖上的芳华岁月！

一年之计在于春。"立春"像个淘气的孩子，有时蹿在"年"前，有时躲在"年"后，真正的孩子们却一直无忧无虑地泡在年味里，享受冻米糖般的舌尖美味！唯有勤勉的老乡悄悄地在开启新一年的冻米糖酝酿制作之旅！在料峭的寒风中，早早走向春意萌动的田野，捯饬好甘蔗种苗床；只待惊蛰一声雷响，种苗顺利发芽；及至清明时分，择优株移入大田，静待甘蔗苗壮成长！

与此同时，早稻、番薯、黄豆、花生等各种作物也纷纷进入播种的季节。稻种需水浸催芽，催到一定程度，就均匀地撒播在事先整理好的田畦上，用阔嘴锄抹光烂泥后，撒些稀松透气的沙质客土在上面，边上零星插些绑着红布条的小竹竿，随风妖艳地飘飞，惊得鸟雀只能远望而不敢靠近觅食！番薯秧被插入土里，黄豆、花生种子也陆续被埋入土中，再在泥土表面撒上鸡鸭栏粪和草木灰之类权当接济地力，以期根壮苗旺！唯一不同的是黄豆和花生直播直生，而甘蔗苗、早稻秧则要择机分别在清明和立夏时移栽。尤其是早稻移栽的立夏时分，家家户户都会在田间地头挖些马兰头根，洗净入锅，连同新鲜的土鸡蛋一并煮了。据说吃了立夏的这种鸡蛋，体力倍儿棒，干起农活来特得劲。番薯藤则在黄豆快要成熟的夏至时分，选择雨天，按两棵芽的标准剪成一段一段，直接扦插在豆垄中，超强的繁殖力使它们在小暑时节黄豆收摘后，便枝枝蔓蔓地铺将开来，将干瘪瘠瘦的黄土地装点得绿光油亮、生机盎然！

小暑后的日头比较晒，田里的稻穗日渐饱满，呈现出一派丰收在望的景象。老乡的脚步越发匆忙，动作务求麻利，在"双抢"农忙前，见缝插针料理好眼前的农事：将黄豆翻晒分拣扬净，以便干燥收储；将摘掉黄豆、未扦插番薯的地块及时翻耕耘平，再开浅沟撒播玉米或芝麻，最后回填沟土覆盖种子。遇泥土水分充足的地块，玉米或芝麻过不了几天就出芽了，主人们根据长势疏掉过密、较弱的，补植空缺的，一切妥当后施足水肥即告一段落。回头张罗打稻机具、镰刀箩筐、农药化肥，开演一场紧张有序的"双抢"大戏。这场大戏最终以糯谷秧移栽入大田鸣金收兵。糯谷秧色淡苗短，给人一种先天不足之感，及至生长后却逐渐发力，反而比一般的杂交稻高出许多，谷粒呈现出柔和的椭圆形，饱满的谷穗整天随风晃荡，那不羁的神情，是何等诱人！二茬稻栽下后，如果雨水充足，只需在田间地头稍加巡视，视病虫和肥力状况适当劳作即可。此时找点空闲去蔗林剥蔗叶、灌些水，到玉米、芝麻地松下土、施点肥，去花生、番薯地看看长势，除个杂草什么的……顺势而为，静待各类作物慢慢成长、开花结果！

国庆之后，寒露渐至，地表的糯谷稻、芝麻、玉米率先被收将回去，摊晒、晾挂，挤得庭院满满当当；土里的花生、番薯稍后被慢慢"蚕食"，最迟在立冬前全部收获完成，以便腾出时间种油菜、冬麦，剪椪柑、摘胡柚，挖甘蔗、榨红糖。在暖意融融的冬阳下，农家主妇们要将由糯谷碾成的米放在饭甑内蒸熟晾几天，然后搓开放在冬阳下晒干；番薯去皮，刨成细丝，在沸水中速煮后，放置于冬阳下晾干，做成薯丝；早前的黄豆再度取出与玉米、芝麻、花生一起水洗晒干……在有条不紊的推进中，很快迎来了诱人的红蔗糖，孩子们这时才逐渐醒悟过来，该盼望一场久违的雪了——雪花飘飘，天寒地冻，正好开启做冻米糖的征程！

淘净炒沙，燃旺灶膛，戴上手套，挥动锅铲，将晶莹的干糯米撒入沙中翻炒，没几下，干糯米顷刻膨大成白白的米花，迅速过筛倒入箩筐，周而复始，糯米慢慢少去，米花渐渐爆满！依据组合的不同，接着炒玉米、花生、大豆、芝麻和薯丝，一切停当后，便关上屋门，主人家再三叮嘱众孩子要忌口，不能说半个"碎"字，以确保米糖充分黏合，一冻而成。先半勺水下锅，放入适量的蔗糖化开，沸腾至一定程度，添一至两勺山茶油后，倒入糯米花，或分别与由花生、大豆、玉米、芝麻、薯丝等按不同比例搭配成的组合物，在锅内拌匀转移至案板的木框内，迅速摊平压实，用木槌"嘭嘭嘭"敲打上一通，将木框连冻米糖一起移至案板一侧，留出足够的空间开大条、切小片，大条开出冷却几分钟后，即可切片装箱入坛进瓮！整个过程火候要准、刀功要好，方能冻成米糖、冻出口感、冻出品质！

当充满年味的鞭炮声与城市渐行渐远，往昔在农村十分热烈高昂的分贝锐减的时候，当我们牵着孩子，将来孩子又牵着孩子，一代又一代行走在拜年路上的时候，但愿远方还有冻米糖与你我一道前行……

味道里的光阴

冻米糖

吴美姣

　　快过年了，母亲照例买了各种冻米糖。看着摆放在茶几上的各色冻米糖，童年时期父亲做冻米糖时的情景又清清楚楚地浮现在了眼前。

　　每到腊月，乡村的空气中就弥漫着香香甜甜的味道。擅长做冻米糖的老爸就忙开了，今天东家，明天西家，后天、大后天也这样被早早预定了。于是，我和弟弟、小妹每天早上还在被窝里的时候，就能听到父亲吹着《在那桃花盛开的地方》的口哨出门。母亲照例会在父亲关门时叮嘱："少喝点酒！"父亲的应答声总是随着一声关门声显得若有若无。我们便开始一天的期盼，期盼着父亲早点回来，期盼着父亲回来时带回家的各种各样的冻米糖。那时候，父亲给每家做冻米糖从不要工钱，热心的主人总会用好酒好菜招待父亲，临走时会将各种冻米糖装好，让父亲带回给孩子吃。我们也因此能尝到各家不同味道的冻米糖。

　　妹妹三岁那年的一个腊月夜晚，夜色渐浓，父亲还未到家，我们便吵着嚷着要到父亲做冻米糖的东家去看看。母亲拗不过我们，让我们先上床暖和暖和，她替我们去催促父亲早点回来。母亲手脚麻利地将我们脱了裤子一个个塞进被窝，然后转身锁上门寻父亲去了。父亲那日遇到一个特别豪气的东家，东家喜欢唱唱小调，父亲也喜欢；东家会拉胡琴，父亲也会两下子。两人话语投机，边喝着小酒边天南海北聊着，忘却了时间，忘却了身份。相互之间，只有一份相见恨晚的畅快，以至于酒量甚小的父亲喝得不知天南海北，满嘴胡话。幸好母亲驾到，将烂醉如泥的父亲扶回了家。

我们听到钥匙转锁的声音，就知道父亲回来了，便从被窝里探出半个头来，喊着："米胖！米胖！"（方言：冻米糖）小妹更是心急，索性从被窝里站了出来，摇摇晃晃地想从床的最里头走到外面，被子里都是我和弟弟横七竖八的腿，小妹一踩就踩到弟弟的腿上，弟弟大叫："哦！哦！"小妹一个趔趄，小小的身子已经趴在被子上，眼看就要滚下床了。我听见妹妹的叫声也想起床，脚一动，妹妹顺势滚下床来，"哪"一声，妹妹已经掉到床下了。"哇……哇哇……"妹妹的哭声在宁静的夜晚显得格外响亮。母亲一听，连忙放开搀扶着父亲的手，跑过来抱起小妹。手一摸，小妹额头上高出一个大瘤，母亲破口大骂："邀倪页酒！邀倪页酒！（方言：叫你喝酒）害娜妮摔死，我叫倪赔！"而父亲呢，眯缝着本来就小的眼睛，身子一斜，靠在床边的箱柜上，嘴里含糊不清地说："小娜妮最好，来接爸爸了！"母亲一瞪眼，说："还接，娜妮摔下来了！我告诉倪哈，娜妮摔得怎么样，我就找倪算账！"父亲慢慢走过来，摸着小妹头上不多的头发："我娜妮最好！"说着从袋子里摸摸索索，老半天摸出几颗"神仙米"（糯米爆米花）。说也奇怪，号啕大哭中的小妹闻到了神仙米的香味，立马停止了哭泣，拿起神仙米就往嘴里塞。在抽噎声中，小妹吃着入嘴即化的神仙米慢慢平静下来。母亲揉着小妹的瘤，见没事后将小妹放回床上。小妹手中白白胖胖的神仙米，在昏黄的灯光下闪着诱人的光芒。淡淡的爆米香，弥漫在小小的房间里。我和弟弟连忙探出整个头，伸手说着："我要！我要……"父亲满脸嗔怪："就不给你们吃！就给娜妮！"满脸泪水的小妹得意地吃着父亲给的神仙米。我和弟弟看父亲不给，就转向妹妹。弟弟死死盯着小妹手里的几颗神仙米，请求说："娟，你现在给我吃神仙米，我就把小军刀给你玩！"小军刀是弟弟亲手用木头做的，一般情况下，弟弟不允许他人摸他的小军刀，这回为了满足嘴巴，也就舍得了。机灵的小妹却一转身，躲开了弟弟的手。父亲也许就喜欢这样的天伦之乐，他涨红着脸，笑着又从袋子里摸出几颗神仙米，放了几颗在弟弟手上，又放了几颗在我手上。我们全神贯注地吃着神仙米，母亲则将哼着小调的父亲扶上床。

我喜欢做父亲的小尾巴，跟着父亲到各家"咖米胖"（方言：做冻米糖）。我愿意跟着父亲有十足的理由：不仅可以吃到肉，还可以尝到父亲做冻米糖时那甜得发腻的糖浆。冻米糖做得好不好，很大程度上取决于糖浆调得是否到位。父亲调饴糖是下方村一绝，之所以其他农户都要请父亲做冻米糖，原因就在于此。当糖泡慢慢冒出，水分慢慢蒸发后，糖的黏稠度就上来了，父亲用中指和大拇指蘸了蘸糖浆，随着两个手指慢慢分离，稠稠的糖浆也慢慢变成了糖丝，一次一次，合拢、分离，糖丝的黏稠程度就在分合中判定。小时候的我最喜欢看父亲做这事，分分合合中，那两个手指似乎有一种魔力；而糖丝在手指之间如金线一般，在昏暗的灯光下散发着诱人的香味。父亲鉴定完毕后，必会将蘸着糖的两个手指往嘴里一吮，咂巴着，陶醉在自己的杰作中。如果此时正好我在父亲身边，父亲就会将那两个甜甜的指头放进我嘴里，我使劲吮吸着，有时会扳着父亲粗壮的大拇指，一次一次从上到下吮个遍，不放过一丝一毫可能沾上甜味的地方。那糖浆甜而不腻，入口即溶，甜味在舌尖蔓延，沁入心脾，那是何等的享受和满足！

　　现在的农村过年也不用自己做冻米糖了，菜场周边一年四季都有卖。想吃，很容易就可以买到，自然就少了童年时期的那份期待和滋味。父亲做冻米糖的工具也在我们搬家时被请出了家门。唯有母亲每次吃冻米糖时会说："唉！没有你爸爸做的好吃！"也许母亲不是在吃冻米糖，而是在怀念父亲在她心中的那份骄傲！我们不也一样吗？父亲渐渐老去，可他对子女的爱和做事时的工匠精神，却日渐清晰，深深铭刻在每一个子女心上。

味道里的老胡

冬的惦念

张　微

　　不知道，你还记不记得，有一种零食，让你会从入冬开始惦念，等上好几个月，终于做成了，奶奶却藏起来，每天只给你一点点，然后一直每天惦念吃上那一点点，这个过程一直会延续到来年春尾，甚至更久。在那物资匮乏的年月里，这是一种多么甜蜜而温暖的惦记。

　　那是冻米糖，你想起来了吗？

　　那时候的妈妈还很年轻，忙里忙外的身影是那样的轻快，宽大的棉衣也遮掩不住她那姣好的身形。每天，她都担着用两大筐装着的浅浅的冻米，一晃一晃地挑着去溪边河坝的空地上晒，我们几个小萝卜头跟前跟后，帮着展竹席、除尘土，小心翼翼地把冻米铺开晒好。在冬日的暖阳下，我们在野外撒欢之余，就是要时时看顾冻米，别让小狗小鸡给糟蹋了。就这样一天天过去，一直要等到把每一粒冻米都晒得好像石子一般坚硬。

　　总算是快过年了，终于等到了做冻米糖的那一天。小叔公不停地围着奶奶的白围兜和袖套转，样子很好笑，但是他的表情很认真很严肃，甚至让人觉得他是在举行神圣的仪式。奶奶把锅里熬得浓浓的糖油，撩起一滴落在食指上，然后大拇指与食指就捻着那滴糖，举得高高的，对着光。因为烫，刚开始两指快速地一张一合，等温度降下来，又慢慢地捻开，直到我们在她手指间看到有长长的白色的糖丝荡起来。

　　糖油和炒好的冻米、花生仁、芝麻搅拌好后，倒进一个口形的木头模

子，再用两块窄窄的扁扁的小板子，用力地把冻米糖擀平、擀实，等到稍稍凉一点，就可以把模子去掉了。用菜刀"唰唰唰"地切成一片片，冻米糖就成型了，一排排整整齐齐地码在桌子上，我们就开始任性地吃。那时候的我们欢喜得没法形容，只是不知道为什么轧冻米糖的时间总是在晚上，为什么奶奶不让我们大声嚷嚷。第二天，等我们醒来，冻米糖已被装进一个个"洋油箱"里，藏在奶奶房间的床顶上。我们每天总会在熬不住的时候问奶奶要，奶奶就给我们每人分两块。我们拿着那两块冻米糖，奔跑着去找阿春阿毛，阿春阿毛立刻也跟她奶奶要，也是每人两块。我一小口一小口地慢慢吃，但还是很快就吃完了，可是阿春还有一块半，她总是咬一小口抿上半天才咽下去，让我恨不得把她手里的冻米糖抢过来塞进自己的嘴里。

现在有了冻米糖作坊，很容易就可以在街边买到好吃的冻米糖。都说容易得到的东西不会珍惜，但咬上一口冻米糖，依旧是那样的美味香甜、松脆爽口、不粘牙、不塞牙，让人回味无穷……

卤兔头，独一无二的龙游辣

李 慧

趁着假期，发小带着两个同事来了趟江浙一周游。发小从家乡远道而来，看她们一行兴致勃勃的样子，我自然要好好接驾了，于是全力以赴给她们定制了极富江南特色的一条旅游线路：游西湖、览乌镇、逛横店，让她们玩了个尽兴。孰料，游玩后回来，三个美女对江南的好风光赞不绝口，连说"不虚此行"，大饱了眼福。美中不足的是，甜淡系的浙菜没有一点辣味，满足不了她们的口腹之欲。我一下就顿悟了，我的安排百密一疏，居然忘记了她们来自无辣不欢的湖南，是典型的辣妹子。饱了眼福的辣妹子馋辣椒了，我对此感同身受，对于吃辣椒长大的我们来说，没有辣椒调味的菜，就好比没有放盐一样淡而无味。

寓居龙游二十余载，我深知这是一个地地道道的美食之城。行走在大街小巷里，五步一家小吃店，十步一家大酒店，无论大小，每一家店都有自己的招牌菜。龙游人吃得精细，食品制作花样繁多，光是早餐就能做出几十个品种来，就看食客的胃口大不大了。可惜说到吃，我绝对是个呆货，从娘肚子出来就没有开过胃口，胃的忠实记忆里，除了我妈腌制的酸红辣椒的味道刻骨铭心，对其他的美食还真没有辨识力——唯独对于辣，还算有点见地。

要吃辣倒也不难，交通便利的龙游是吃辣的分水岭，往西行都是吃辣的，往东走甜食居多，而龙游的饮食风格则是无辣不欢。于是打算带她们去吃一种与众不同的辣，最好能给她们留下终生难忘的舌尖体验。毕竟要了解一座城市，必须先从美食开始，从舌尖上品尝到的烟火味道，才是最接地气的本地特色文化。

什么美食才最能体现龙游特色的辣？既要辣味十足，又要有龙游特色。思虑良久，突然灵光一现："想吃辣？我带你们去吃一道独一无二的龙游辣。"

"好，好，好。"发小连忙附和，"到了这里，客随主便，都听你的安排。"

我带她们直奔大排档，龙游味道的特色辣，只有大排档才有足够的本土特色。同样的食材，到了大酒店，经过大厨们的改良加工，同质化的口味就不地道了。

在一口口冒着热气的锅里，厚厚的红油汤上，浮着一层辣椒、花椒等调料，一个个蒸得熟透的兔头、鸭头和豆腐在汤汁里浸泡着。和这热气腾腾的卤锅相照应的，是大排档里坐得满满当当的吃客们，他们或欢声笑语，或相对无语，桌上摆满了各种美食，每一个人都在忘情地大快朵颐。

我点了特辣、中辣和微辣三种口味。当然，微辣是留给自己的。纵使我的胃从小就是在辣椒里泡大的，经过二十来年的岁月侵蚀，对于特辣，已经早早投降了，现今只能接受微辣的口味。

看着端上来的美食正冒着热气，发小她们有点懵，连声问："这是什么？没有见过，也没有吃过。"

味道里的龙游

"先吃吧，吃完了我再告诉你们。"我戴上指套，率先开啃。

为了给她们做好"啃"的示范，我抓住兔头的上下两颌，轻轻一掰，就将兔头分成两半，兔肉滑在碗里，露出骨头来；我又麻利地掰开了下颌骨，挑出舌头和下颌肉往嘴里一送，肉就融入齿颊之间，舌头上的味蕾顿时被一种妙不可言的麻辣香味激活了；吃完被汤汁泡得松软的兔眼后，撕开上颌骨的骨梁，挑出了鼻筋脆骨，一只兔头就以这风卷残云般的速度下了肚。我这样狼吞虎咽，是为了细品最后一道美味——脑白金，也就是兔头里的脑花，这是我钟爱兔头的理由。我把兔脑称为"脑白金"，与传统的食疗观念不无关系。在中国的传统观念里，流行着以形补形的说法，吃什么补什么，对用脑过度的人来说，当然得吃点猪脑、兔脑之类的"脑白金"来补一补了。

要吃到完整的"脑白金"是个技术活，坚硬的头盖骨紧紧包围着脑花儿，吃的时候，要用筷子用力插入后脑勺，沿着缝隙一点点撬开头盖骨，只有这样，"脑白金"才会整个地露出来。嫩豆腐脑般的脑花已经被慢火炖成一颗饱满的胶体，夹进嘴里，慢慢咀嚼，慢慢下咽，好像吃进去的不是食物，是激活脑动力的能量。

在我的带动下，辣妹子们也依葫芦画瓢开吃了。一个兔头下了肚，发小最中意的是舌头，看来吃货和吃货之间还是有区别的。她一边吃，一边赞叹道："好吃，柔软中带着点韧脆。"不到五分钟的时间，一大盘兔头就被啃得差不多了。我们还是意犹未尽，于是点了一盘继续啃。吃得兴起，索性把手套一扔，双手并用，牙剥嘴撕，任由鲜美的肉质和香辣的汤汁把舌尖上的味蕾全部唤醒了，使每一个味蕾都能充分感受到鲜、香、辣、爽的味道。这不，啃完了肉还不够，非得把骨头放进汤汁里再浸泡一下，充分调动唇、舌等各种器官，有滋有味地吮吸一遍，这才算是啃干净，最后才心满意足地说出"过瘾"二字。

一番狼吞虎咽之后，发小一边擦手，一边问："这下该告诉我们，这是什么做的了吧?"

"兔——头——"我被辣得眼泪都快流出来了。这次绝对吃过量了，真对不起我那可怜的胃，让它又一次受苦了。

　　"兔头？兔——兔的头？"三个辣妹子瞪大了眼睛，看她们的表情，内心一定是万马奔腾了。我依稀记得发小很喜欢养兔兔，之所以先不告诉她这是兔头，是怕她吃起来有心理阴影。

　　"对，兔兔的头。"我把两只手放在头顶上，比画出两只兔子耳朵。我能够理解她们的惊讶，二十年前，我刚来龙游工作，第一次吃到兔头，也是这种表情。当时我心想，兔子是温顺的动物，又可爱，又好吃，我虽吃过兔肉，却从没有吃过兔头，没想到兔头也能被做成这样有特色的美食，特别适合重口味的人。从此，我就爱上了这道美食，一周都要打包好几个兔头回家啃，也算一道理想的开胃菜。

　　果然，发小也只是唏嘘了一下，很快就被眼前的美食所诱惑，忘记了兔兔的可爱。我顺便给她们普及了一下兔头的前世今生：二十世纪八十年代，龙游流行吃兔肉，剩下一堆堆骨头多肉少的兔头成了鸡肋，弃之可惜，食之无味。龙游有一个经营大排档的老板娘，家里有肉兔养殖场，舍不得丢弃作为下脚料的兔头，就试着把兔头放进卤菜汤汁里炖煮，没想到卤好的兔头因为麻辣生香，一上桌就极受食客的欢迎。老板娘不断改良配料和配方，慢慢就形成了这道名菜——兔头。

　　"听说过东坡肉吗？因为怕吃不完的肉坏掉，又没有冰箱可以储存，老百姓就想出了制作东坡肉的方法，让肉可以保存得长久一点。兔头也是如此。"说罢，我又调侃道，"吃货的世界，只有想不到的，没有做不到。"

三个辣妹子都是吃了不少美食的吃货，属于那种吃了鸡蛋、还想知道母鸡怎么下蛋的那类吃货。被兔头美味诱惑过了之后，就开始研究起配料来："辣椒、茴香、橘皮、花椒、桂皮……"

正在说笑间，大排档的老板娘走了过来，笑着介绍说，兔头的配料很平常，除了陈皮、八角、肉桂、千里香这几种常见的香料，还有白芷、甘草、荜芨等几十味中药，需要一味一味按顺序放入，只有配比科学了、顺序合理了、火候到位了，才能制作出味道足够浓郁的汤料，然后再把兔头放在汤料里，慢慢地熬。

"要熬多久？老板娘。"发小饶有兴趣地问道。

"起码五个小时以上吧，用筷子轻轻一戳，就能够骨肉分离了，才可以出锅。"老板娘满脸堆笑，"味道如何？合各位的胃口不？有什么不足的地方，多批评指点啊。"

"肉质酥烂、汤汁入骨、香辣十足、辣得通透、让人吃了喷火……"说了一连串的形容词后，发小一时间找不到更多的字眼了。

"你哪里找到这么多兔头的？"我左右环顾一下，看每一桌客人都点了兔头。

"你知道国内一年要吃掉多少兔子吗？大概三亿多只，连起来，可以绕地球一圈了。如今兔头比兔肉好吃，不缺兔头，也不缺吃兔头的人。"老板娘哈哈大笑，招呼其他客人去了。

啃食兔头，不仅能开胃、温补祛湿，那更是一种挥之不去、通达灵魂的独特享受。我们一边感叹人类可怕的食欲和食量，一边回味着从口腔弥漫到肠胃的美味。

看着撒了一桌子的兔头骨，我突然想起有个导游曾介绍说，全国只有四川成都、山西大同、浙江衢州三个地方的人才吃兔头。在以啃香辣兔头闻名的成都，"啃兔头"可不仅仅是指啃真的兔头，还有男女接吻的双关义，听起来有点油腻腻的感觉，还是龙游的卤兔头吃起来更雅致，更符合江南柔情似水的浪漫意境。否则，男欢女爱那么柔情蜜意的事情，和简单粗暴的"啃"字联系在一起，实在是大煞风景了。

打年糕

徐丽琴

秋急匆匆离开，冬迫不及待迎面而来。又是一年冬节至，又是一年年糕香。打年糕，是远而深的梦。吃年糕，有那么多温暖而调皮的回忆。说到年糕，还有一首动听的歌：

> 摇啊摇，摇到外婆桥，外婆请我吃年糕。
> 吃一包，拿一包，吃了年糕年年高。

打年糕的日子临近年关。

空气中弥漫着寒冬的气息，天总是阴沉着脸。雨滴时不时造访，它自作多情，以为自己是单调的季节里晶莹剔透的点缀。我家住在东边，加工厂在村子最西面。村里的小路上到处是泥浆，但这阻挡不了一颗对打年糕充满期待的心：我早已从母亲和隔壁邻居的谈话中探听到打年糕的时间和地点，从母亲浸在大木桶里的米香里嗅出了年糕的香味。

黄昏，暮色沉沉，寒凉极重。母亲慢条斯理地忙着手中的活计，而我则内心一片焦灼，仿佛打年糕的声音已经一声声在召唤我了一般。终于，离开家门，蜿蜒穿梭在村中暗黑的路上，来到一片暖意融融的欢歌笑语中，那是在加工厂隔壁的一间大房子里。一旁大小相接的两个土灶正热火朝天地烧着柴火，灶膛里的火光映射得烧火添柴的婶婶满面红光。

火红的灶膛在寒冬的夜晚里尤其闪亮，但我的心神却被一边那个被人

味道里的老味

群紧紧围着的现场摄住了：一会儿有大木槌举起，一会儿大木槌不见了，木槌砸在粉团上的声音随之而来。那令人心驰神往的打年糕场景，有无限的魔力，牵扯着我钻进了人群。

人群是如此拥挤，怎么钻都进不去，只有目光能透过裤腿与裤腿之间的缝隙，看到木槌落下又离开，一双大手趁机而入翻动粉坯，又迅速抽离，浸到一旁的水盆里，水盆里的水早已变成了乳白色。

一槌一槌又一槌，直到石臼里的粉坯被木槌调教得圆滑紧致，才被送到一旁早已恭候多时的木板上。木板上横七竖八地罗列着做年糕的模具和一小碗一小碗的黄蜡油——蜡油的光照耀得桌旁扯闲话的女人们的脸丰满红润。

一个个揪下来的粉坯，被塞进抹了黄蜡油的模具里。夹住，再用力一压，掀开模具盖，一根规整的年糕顺利出炉。做好的年糕横竖交叉排列，放在写有各家各户名字的箩筐里。那箩筐里，还隐约透着橘乡特有的橘子味。

死乞白赖凑到了长桌旁，父亲终于从忙碌中看了我一眼。他也看出了我对年糕粉团的"司马昭之心"。于是，当新一笼粉团出锅时，父亲给我揪了一块，并用那块粉团包了一些八宝菜——那一坛子八宝菜无疑是整个晚上最受欢迎的了。当粉团的热气烘着八宝菜的香气拱到我鼻尖时，我迷迷糊糊的梦都半醒了。

吃着粉团、穿梭在人群中、心无旁骛地围观打年糕的日子，是童年冬天最美好、最富色彩的时光。

打好的年糕要晾晒，才能泡在水缸里慢悠悠地过一个完整的冬天。但晾晒是有分寸的。晾晒得不够，浸到水里的年糕会慢慢化开，化得一缸水都腻腻的。晾晒得太久，又会风干皲裂，像一块得不到滋润的土地。有经验的主妇能掌握好时机，使浸到水缸里的年糕恰好水润，又不至于被润透，融化了。

吃年糕的日子在平常农家拉开序幕。

早上是水煮年糕，蘸白糖；或者在粥里放两三根掰断的年糕，混迹于米粒间的年糕又软又糯，就着小菜，既暖身心又饱腹。中午，冬天的菜地

味道里的老牌

里独占鳌头的大白菜、油冬儿菜都是年糕的好搭档。父亲常用年糕来打发匆忙从学校回来吃饭的两个孩子。晚上，母亲却极少让我们吃年糕，她说，年糕定心，不好消化。

打年糕和轧冻米糖的日子毗邻。年糕被切成薄薄的片，晾干，放油锅里炸，沥干油，等到轧冻米糖那天，放进化开来的糖里拌匀，然后在父亲的手里，他们华丽变身。

年前打的年糕，往往吃到来年的四五月份。那些被高超的技能储存到清明节前还安然无恙的年糕，既没有散发出什么异味，也没有变了颜色，那么，偷懒而善于打算的主妇便把他们重新蒸一遍，然后揉成粿坯，包上时令鲜蔬，就成了我们那一带特有的清明粿。

儿时的记忆渐行渐远，在闲暇的时候，常常想起老房子灶头旁的小煤炉上的铁锅里，白菜炒年糕在汤汁里咕咚咕咚地叫；常常想起我和妹妹手里握着一块我们最宝贝的年糕片冻米糖，舍不得吃，又忍不住吃掉了；常常想起母亲信手拈来的红糖煎年糕，甜甜的、糯糯的，轻易就俘获了我们的小嘴巴；常常想起自己到三叔灶房的水缸内偷年糕，拿到村后的池塘坝上的草丛里煨着吃……

行走他乡，围观打麻糍的场景，总觉得面熟，半晌，方才反应过来，原来那是我们家乡打年糕的前半段。我于是和她们说道老家打年糕的手工技艺和完整过程，居然被取笑一通，而我竟无从证明，我说的都是真真切切的。或许，有时连我自己也分不清那个打年糕的日子，是真是假，是梦是幻，只有那首响在耳边的歌谣，那么熟悉，那么亲切：

摇啊摇，摇到外婆桥，外婆请我吃年糕。

吃一包，拿一包，吃了年糕年年高。

我的年糕头情结

徐文君

又到了年糕飘香的季节。虽说现在一年四季都可以买到年糕，但我却仍对手工年糕情有独钟，固执地坚守着对手工年糕特有的眷恋，心中总是怀念着那久违了的画面：热气腾腾的作坊中，几个寒冬腊月也只穿着单衣的精壮汉子，粗壮的手笨拙却又熟稔地捏着那冒着热气的雪白的米团，在不断的捏、揉、按、切间，一条条年糕便这样诞生了。而多余出来的一个个小块，便被那些汉子随手搓圆，再蘸上点白糖，就成了一味"美食"——年糕头。

没有人知道，这小小的年糕头曾激起我童年多少的幻想与期盼。

那是十来岁时的事了吧。隔壁的大叔便是年糕作坊里的一员。哥哥每次从作坊前经过，总会被他给唤住。他随手捏下那么一块年糕头，揉搓两下，递给哥哥，哥哥便一路欢天喜地地捧着，边吃边走，到家了还不忘拿那剩余的半块年糕头向我炫耀一番。而我，自然只有咽口水的份了。在那几乎没有什么零食可解馋的童年时代，年糕头是多大的诱惑呀！我也曾尝试经过作坊前有意无意地放慢脚步，用眼角的余光瞟向屋内，然而遗憾的是，任我怎样缓慢前行，从未有人注意过我，更别说我期望中的那声呼唤了。当然，那年糕头也只能是看在眼里，馋在心里。

好像对年糕头青睐有加的也大有人在，隔壁的男孩就经常偷偷地从家里取些米，拿到作坊里去换几个年糕头解馋。记得有一次，我实在无法控制住内心对年糕头的渴望，壮着胆子包了些米，想去换些年糕头，可在作坊前犹豫了好久，还是没有进去，最后快快地回家把米重新倒入米缸。

年糕头是我心中一个可望而不可及的梦，每到冬季，路过年糕作坊，向里面随意一瞟，心中便会荡起一种渴望，不知不觉中便凝结成了一份年糕头情结。

及至到了工作之后，袋里有了钱，这份情结却仍未改变，虽说年糕头已是唾手可得，且因年龄的增长，早已没了当年的那份急切，虽然仍有尝一尝的欲望，但觉得一个姑娘家贸贸然去买一块年糕头实在是有点糗，也就把这份感觉搁在了心底。只是在路过年糕作坊时，总会下意识地看看，然后心中升腾起一股浓浓的暖意，在莞尔一笑中，童年时的种种情态便一一在脑海浮现。年糕头伴随着童年那无法企及的愿望，已深深地盘踞在我的心中。

有一年除夕的下午，我坐哥哥的摩托车去采购年货。回来时，瞥见了街边的小摊，竟是一个小型年糕作坊，望着那热气腾腾的米团，一种熟悉的亲切感油然而生，便略带自我解嘲的口吻，对哥哥说起了自己的年糕头情结。哥哥对我的心事大为不屑，说："不就是个年糕头么，又不是什么买不起的东西，值得这样吗？"说罢便停了车径直走向小摊。五角钱一个的年糕头，在经过那个敦实汉子的大手用力揉搓后，便到了我的手中。可是，望着手中这浓缩了十多年渴望和梦想的年糕头，我竟没有一点想吃的欲望。那做工粗糙的椭圆体上，带着几条细痕，似乎还掺杂着一丝丝不易察觉的污渍，我下意识地望了望那汉子的大手，这就是盘踞在我心头十多年的年糕头吗？"快吃呀，不是说想了好多年吗？"在哥哥的催促声中，我咬了一口，没什么特殊的味道，是普通的米粉团，还有那腻味的甜在舌尖打转，我似乎还尝出了里面的汗渍味，勉强吞了下去，心里却有说不出的难受。我暗暗埋怨哥哥的多事，觉得心中珍藏多年的一种美好感觉，因他的好心在顷刻间消失殆尽。

可是今天，当我在路边再一次见到手工年糕的制作小摊时，心里竟又一次升腾起了那种温暖的渴望，嘴角又一次情不自禁地露出了会意的微笑，这才恍然意识到，原来这一种感觉早已深深植根在我的心中，它从未消失，而且这股浓浓的缱绻心头的眷恋，早已超越了年糕头本身……

最是故乡"鸡"味浓

胡炜鹏

龙游飞鸡的味道，是我年少时的记忆。

在我的家乡龙游，鸡肉一直是一种贵重的美食。非一般的客人、非特别的日子，家里一般是不会吃鸡的。所以年少时吃鸡的记忆，都显得特别难忘。

儿时的记忆里，父母总会在春天购买几只鸡苗回家，然后要求全家一起来侍候这群小鸡。小鸡挺会吃的，大多数时候它们吃家里的剩菜剩饭拌米糠，有时也吃米；还有的时候，我们会采些青草回来，给他们换换口味。看着那些毛茸茸的小东西一天天长大，是年少时的幸福时光。

有了这些小鸡，母亲便常会说，到了过年，一定会让你们吃鸡大腿。在饲养的过程中，我们全家人慢慢地就与这些鸡产生了感情。

鸡长大些，便开始自己外出找吃的。这样，每天出去几只鸡，回来几只鸡，便是全家重要的清点工作。有一天，一只鸡走丢了，母亲立即发动全家去找，"叽叽叽——咕咕咕——"在母亲一路的呼叫声里，我在一个洞口看到一地鸡毛。这种时候，父亲会告诉我们，鸡肯定是被黄鼠狼给吃了。我大哭一场。别人都以为我为鸡痛哭，其实我是为了那失去的鸡大腿。也有幸运的的时候，走丢了的鸡，竟然会在一棵树杈上、一个桥洞里找到，当母亲抱起那只鸡的时候，全家人的内心会涌出无限的快乐。

我第一次印象深刻的吃鸡，是在我十二岁的时候。我相信我在这之前一定吃过鸡，但可能由于岁数太小，所以对于吃鸡的味道、场景都不记得

味道里的龙游

了。而十二岁那年的吃鸡，却是记忆尤其深刻，因为那是我第一次，一个人吃了一整只鸡。

我十二岁的时候，个子还只有一米三。在农村，这么矮的身高，让家人很是担忧。许多人告诉母亲，可以用山桎花的根烧鸡，让我吃了就可以长高了。母亲很上心，专门请人去山上挖了山桎花的根，然后将一只小公鸡杀了放到砂锅里炖。

我知道那锅鸡是专门给我吃的，所以就一直守候在旁边，看着母亲烧火。时间过得很快，鸡肉的香气慢慢地从砂锅里飘出来，直接从我的鼻子进入我的喉咙，然后一路向下，直接引诱着我的食欲。我吞着口水，眼睛死死地盯着砂锅，生怕那鸡会忽然消失。母亲看我馋的样子，笑着说，急什么，都是你的。

终于等到开锅了，我抓起鸡腿，一口咬下去，鸡肉中散发出的山桎花根味，迅速充满了我的口腔，那是一种特别清新的味道，因为没有放盐，鸡肉的纯粹显得更加劲道，牙齿撕咬下去，发出"吱"的清脆声响，稍一咀嚼，鸡肉便成为了肉糊，被我迅速地吞了下去。那鸡肉一路狂奔，从我的咽喉、食道，直下我的胃部，我似乎能够听到胃压缩盘磨肉团的声音。

当然，还没等第一块肉消化，我已经迫不及待地将两个鸡腿扫荡干净，然后，我又向那鸡脯肉发起了攻击。应该是在很短的时间里，我就将整只鸡吃得只剩下一个鸡头了。

看我打着满嗝的丑样，母亲只是在一旁边呵呵笑着边骂道：真是个饿死鬼，急什么，这都是你的。

最后，在母亲的监督下，我还将所有的鸡汤都喝得干干净净。只有那个鸡头，说是小孩子不能吃，要留给父亲。这是我吃鸡吃得最满足的一次，那鸡肉的味道一直留在我的记忆之中。

可惜，随着年岁的增长，品尝过山珍海味的我，已经再也找不到那种吃鸡的幸福了。

在一次朋友聚会的时候，有人向我推荐了"龙游飞鸡"。我第一次看胡濡文的"龙游飞鸡"宣传片，看到那里面会飞的鸡，正是我小时候饲养过的龙游麻鸡，顿时便有很熟悉的一种感觉。片中的一句话："把时间留给味蕾，食物和爱一样，那样温柔，不可辜负。"瞬间打动了我，我希望能够有机会再品尝一次年少时吃鸡的味道。

带着这种欲望，我走进了山底村——龙游飞鸡的养殖基地。

那是一个黄昏，阳光正柔和地投射在那一片墨绿的林子上，有一些麻鸡在树间跳跃、飞走。这场景，让我想起唐朝孟浩然《过故人居》中的那两句"故人具鸡黍，邀我至田家。绿树村边合，青山郭外斜"。"龙游飞鸡"的创始人陈涌君与我面对面坐着，煮茶闲聊，一切故事都在茶香里飘

味道里的龙游

荡。对于美食的共同向往，让我们在瞬间成为了心灵相通的朋友。他与我分享了第一次吃"龙游飞鸡"的感受。

陈涌君是被胡瀚文"忽悠"到龙游的，当时来的目的是想找几块地，种点绿色环保的蔬菜。从天津来到江南，策划人陈涌君就被那满眼的绿野迷住了，然后他在山底村行走一圈，一种满山跑的麻鸡又引起了他的兴趣。中午的时候，胡瀚文的父亲准备以我们本地的贵客标准招待他，就是吃鸡。

看到胡家将那满山跑的麻鸡抓住，然后现场宰杀、热水煺毛，那白皙的鸡肉一下子就引起了陈涌君的食欲。瀚文父亲将鸡肉洗净、切块，再用菜籽油下锅，用柴火土灶生炒，鸡块在喷香的菜油香气里翻滚，鸡肉在热油里"吱吱"挣扎，然后慢慢地变成金黄色，直至肉香飘溢。

陈涌君至今还记得当时那鸡肉的味道，他说：特别鲜、特别美，很好吃，大家不仅把所有的鸡肉吃完了，最后连鸡汤都喝完了。我们在探讨为什么这种鸡肉如此美味时，陈涌君认为这种鸡肉的特点，就是皮下脂肪少，纤维组织、肌肉多，有嚼劲。这些优点的形成，关键是因为这种鸡满山跑、爱运动。我告诉他，这种龙游麻鸡，还有一个名称叫圆宝鸡，挺富

有寓意的。

　　胡潇文希望陈涌君能够通过网络平台，帮助村里的困难户卖鸡致富。陈涌君觉得这鸡不错，就答应了。结果，这种鸡在网络销售中十分受人欢迎，往往一有货就被一抢而空，鸡源就出现问题了。于是，他们就鼓励农户按照"龙游飞鸡"养殖的标准，与他们一起饲养。2017年，中央电视台在"味道年味"节目上对此事作了宣传，"龙游飞鸡"一下子就火了。

　　聊着聊着，就到了饭点。

　　胡潇文说我来得太突然，只能烧一盘红烧鸡了。

　　当阿姨将一盘红烧鸡块端上来时，沿路都飘着鸡肉的香气。那气味里真有年少时的记忆，仿佛能够让人听到鸡肉撕裂的声音。我们一起上桌，拿起筷子便大快朵颐起来。鸡肉与鸡汤交融在一起，一种强烈的快感，瞬间燃爆了肠胃。在这吃鸡的过程里，大家都似乎屏住了呼吸，筷子在鸡肉与嘴唇间来回，一会儿，那大盘的鸡肉全部被消灭干净。一起进食的一个朋友，最后竟然用了一片菜叶将剩下的鸡汤都一扫而空。大家相视而笑，朋友向他们翘起大拇指，连声说："好吃，真好吃。"而我，则吃到了年少时吃过的那种鸡肉的味道。这趟来得值了。

　　离开的时候，我感到他们的"龙游飞鸡"，除了美味，更有一种精神，引人回味。

味道里的龙游

热气腾腾打麻糍

赵春媚

在龙游农村冬至的时候，或者赶上唱大戏的时候，都是要打麻糍的。说起来，麻糍和年糕真像是一对亲兄弟，只不过年糕是用粳米做的，而麻糍是用糯米做的，都得经过千锤百打，才能显露出它们的独特美味来。而且它们都寓意着吉祥富贵，所以无论是打年糕还是打麻糍，都是百姓们为了图个好彩头，希望来年的生活美满幸福。

打麻糍，是农村里最隆重的一件事情。在那一天里，主人们会邀请亲朋好友来家里分享打麻糍的成果和快乐。在那一天里，什么都是热气腾腾、喜气洋洋的。

我是农村里长大的孩子，从小就是看着打麻糍长大的。在几个节日里，经常是这家打了，又跑那家去，小肚子一天到晚都是撑得圆圆的。

制作麻糍需要热气腾腾的糯米饭。将自家种的糯米浸泡了一天一夜之后，直至发胀发白，放进土灶里，用蒸桶蒸。经过半个多小时的蒸和焖，在一片氤氲的雾气中，软软的糯米饭终于出锅了。那米粒看着像银子似的晶莹透亮，闻起来气味糯香浓郁。这时候，主人也会邀请大家尝一尝刚炊好的糯米饭。这刚出炉的糯米饭，最受孩子们的欢迎，而我更不用说了，光是用白糖拌着就能吃下一碗呢。

打麻糍的场景更是热气腾腾的。别小看打麻糍，没有一点经验，还胜任不了。有句俗话说"打铁要趁热"，其实，打麻糍也是一样的，只有趁着滚烫快打、猛打，才能把糯米饭捣得更烂、更黏稠。由于刚煮好的热腾腾的糯米饭黏性极大，一杵捣下去就很难拔起来，所以，没有几分力气是打不了的。这时，往往就需要几个体力好的壮汉围着石臼轮着打。当一个壮汉手抢长柄木杵用力捣石臼里的糯米团子时，还需要有一个人在一旁"打下手"，需时不时地用水沾湿了手，趁木杵的一起一落之间，把石臼里的糯米团子不停地翻转，这样能使得糯米团子被捶打得更均匀。那灵巧的手一进一出间，动作娴熟流畅，看得我们却是捏了一把冷汗，在一边只顾大呼小叫的了。

打麻糍是个力气活儿，这几个壮汉虽然是排好了顺序轮番上阵的，也有打着赤膊的，却个个都是满头大汗，甚至头上还冒着白色的烟气，整个人也变得热气腾腾起来了。打累了，彼此就喊起了号子"嗨——则嗨""嗨——则嗨"来为自己打气。妇女、小孩们都围拢在周围，叽叽喳喳地看着，很是有趣。直到"打下手"的感觉到糯米团子已经变得浑然一体，丝绸般细腻得不可分了，这才算真正打好了。这个时候，捶打的壮汉们才能够歇下来，等着吃的围观群众便欢呼雀跃起来。

从石臼取出这白色大团子，也是很有意思的。只见男主人摆开马步，弯着腰，用双手将石臼里的麻糍如转陀螺似的连转几个圈，使麻糍彻底脱离了臼底，才迅速地捧起来，放进一旁的大瓷罐里。这时候就轮到一边的女人们上台了，能干的女人熟练地揪起一团，从大拇指和食指间挤出一个个圆圆的小团子，推滚到事先准备好的拌有白糖、红糖和香喷喷的黑芝麻粉的竹匾里，这样边滚着边喊大家："快点，快点，趁热一起来吃。"

于是，一拥而上的我们使得抢吃麻糍的现场也变得热气腾腾的了。那现打的麻糍，还正在冒着热气，粘了甜蜜的白糖、红糖和芝麻粉后，口感

软糯香甜，那糖的甜味和芝麻粉的香味萦绕在齿颊之间，挥之不去。一大群人七嘴八舌地围在一起，许多双筷子在竹匾中此起彼伏，眼馋的小孩子们更是直接用手抓上了，一个个嘴里都是塞得鼓鼓囊囊的。主人见了，笑得更开心了，更是一个劲地吆喝着："别客气，多吃点！还有很多呢！"

吃得多了，我也能比较出哪家的麻糍打得好，又软又有韧性，哪家的麻糍还差点火候，哪家的红糖又是特别的香……我想：我的这张刁嘴也就是那时候养起来的吧。

第二天，冷了的麻糍还可以换一种吃法。妈妈会把冷硬的麻糍放进小火的热油里煎，在"吱吱"的响声中，麻糍慢慢地变得松软了起来，直至双面煎成金黄色之后，香气也就更加浓郁了。这样煎好的麻糍，吃起来更是外酥里糯、甜而不腻，别有一番滋味。

现在很多"农家乐"里都设有打麻糍的体验活动，如果你没见过手工打麻糍，没尝过刚打出来的麻糍的话，可以过去看一看，或许还有机会抢一抢木杵，亲自捶打几下呢。而那热气腾腾、香甜的滋味足以让你体验到什么才是真正的儿时味道，什么才是真正的年味儿。

美食记忆

外婆的盐卤豆腐

赵春媚

在农村，很多老人家在年关都会自己做盐卤豆腐。因为纯手工制作，这样做出来的豆腐会特别香。而且老人们觉得过年的桌子上一定得有豆腐，因为豆腐豆腐，都是福啊！就这么一边心里默想着，一边吃着热气腾腾的豆腐，就觉得福气滚滚而来。

龙游最有名的盐卤豆腐出自灵山，大家都会觉得灵山的盐卤豆腐更有滋味、够筋道。南乡山清水秀，到处是潺潺的清流。南乡的水是那样的晶莹、明澈、纯净，比如石角的水、六春湖的水，在这样的水上漂流，人也爽朗明快；用这样的水沏茶，茶水清新芬芳；用这样的水酿酒，酒质自然醇美甘洌；用这样的水做豆腐，豆腐也焕发出别样的风情来。

而且南乡人心灵手巧，什么好吃的东西，他们都能够做得更胜人一筹。比如说我的外婆。记忆里，外婆做任何好吃的，都喜欢亲力亲为，就像做这美味的盐卤豆腐，她就从来没叫儿女们打过下手。

外婆在做盐卤豆腐之前早已将豆子浸胀了，还得仔细地捡取出老皮的死豆儿，只剩下上好的黄豆。浸过的黄豆像喝撑了水的胖娃娃，一碰就破。外婆就把这样饱满的黄豆一勺勺地相继放入了石磨中，加入水，开始磨了起来。随着磨盘的转动，磨盘间源源不断地流出新鲜醇厚、原汁原味的生豆浆。

在磨盘吱吱的响声中，乳白色的豆浆不知不觉就装满了一桶。外婆把这些生豆浆用棉布过滤后倒入锅中，过滤出的豆腐渣暂且放在一边，这也

是一道极其美味的菜肴呢。

外婆动作麻利地将沥出的豆浆在旺火中烧开烧透，一股浓浓的豆香味渐渐地溢满小小的厨房，豆浆开始沸腾、吐泡泡了，这时就能喝上一碗香醇的浓豆浆啦！当我们几个小孩美美地喝着现磨的豆浆时，外婆也没有闲着，因为豆浆温度开始下降了，上面就会结一层皮，外婆会用竹竿轻轻地把它挑起来晒干，这就是豆腐皮了，可以拿来做豆腐皮卷葱花肉。于是，我们过年的宴席上便又多了一道菜。

俗话说得好：卤水点豆腐，一物降一物。这个卤水碰到豆腐就会产生奇妙的化学反应，这也是做盐卤豆腐最关键的步骤了，卤水的多少，决定着盐卤豆腐的老嫩。外婆全凭经验来判断，她边倒卤水边用勺子按顺时针的方向均匀地搅拌着，白花花的豆浆瞬间凝固起来，变成了"传说中"的豆腐花。这时候，外婆又会为我们盛几碗出来，在豆腐花上撒一点香葱、酱油，一碗香气扑鼻的豆腐花就做好啦。那个细嫩润滑呀，简直要把自己的舌头都给吞下去了。

终于，只剩最后一道工序了，那就是将豆腐花倒入豆包布在豆腐架上固定。倒满豆腐花后，将豆包布折起来，放上一定的重物，沥出豆腐的清水，促使豆腐成型。个把小时之后，白白嫩嫩的盐卤豆腐就新鲜出炉啦！刚出炉的盐卤豆腐总是特别让人垂涎欲滴，我掰下一小块，放入嘴中，还没来得及嚼，就被我吞了下去，嘴角边还留有一股豆香味。这时候，我只好舔舔自己的嘴巴，又砸吧砸吧嘴，在味蕾中回味这美妙的滋味了。

盐卤豆腐与石膏豆腐不同，它有烟火气，更有韧性，也就更鲜美了。比起石膏豆腐来，也更不容易碎，怎么烧都好吃。它可以红烧，可以炒辣椒，可以炖鱼，甚至只是放油锅里煎一煎也是特别好吃。外婆最喜欢用自家腌制的酸菜来烧盐卤豆腐，这两样东西可真是绝配呀！只是用清水煮，放上一点猪油，撒上一把葱花和少许精盐，那豆子的幽幽清香伴着酸菜特有的鲜美，足以让你吃得大呼过瘾。

不要小看这盐卤豆腐啊，它在农家，完完全全可以变出一桌的菜来，在许多农家乐里，更是当家的招牌菜式。

民以食为天。在中国，豆腐是大众食品，几乎人人都爱吃。但家乡的盐卤豆腐，却是属于我们龙游自己的，不仅仅因为它的独一无二，更因为它遥寄着我们悠悠的思念。

味道里的龙游

苦槠豆腐

余怀根

谷雨将春去，茶烟满眼来。如花立溪口，半是采茶回。

龙游南乡溪口，茶山叠翠，溪水如碧，明代戏曲家汤显祖来到这里，留下这样的诗句。不过，汤显祖看到的只是采茶制茶的景致。若溯溪而行，更有胜过"如花立溪口"的清俊奇秀。

坑口，长约数十里，常年云雾缭绕，毛竹涌浪，古木参天。满目绿色里，张子卿最喜欢的，是深沟里那一株株枝叶繁茂的老苦槠树。小时候，他坐在石头上一看就是半天，发呆呢。长大后，只要有空，他还会过来和老苦槠树做做伴，聊聊天。

苦槠树，只适宜在江南生长，分布在浙江、江西、安徽诸省，是长江南北的"分界树"。不过，在龙游的大山里倒也常见。苦槠树生长缓慢，因此比其他树种更为长寿。树木长成后，树冠很大，盛夏时节是村民纳凉谈天歇脚的好去处。到了秋末冬初，苦槠子成熟，一个个从树下掉落下来，又成了村民制作苦槠豆腐的原料。张子卿童年就有着拎竹篮上山捡苦槠子的经历。

在张子卿的记忆里，这苦槠子是山民的一宝。在吃不饱的年代，因为富含淀粉、多糖，苦槠子能代替粮食与人果腹。它作为食物，年代久远。苦槠子一头尖尖，长得像小栗子，也称像栗。《庄子》中记载大盗跖"昼拾像栗，暮栖木上"。明代李时珍的《本草纲目》也曾记载："槠子处处山谷有之，生食苦涩，煮炒乃甘，亦可磨粉。"

每到初冬时节，张子卿就会招呼村里的老人们，上山将苦槠子捡拾回来，他会出高价收购。苦槠子在太阳下暴晒，待棕黑色的硬壳裂开，露出雪白的果肉。剥出果肉浸泡一二天，磨浆，在大锅里将这苦槠子浆加热，不停地搅动，直至沸腾多时，再过滤。待冷却后，它就凝结成一块块细嫩的苦槠豆腐了。

那天中午，我在坑口山庄用膳。张子卿就拿苦槠豆腐招待我，说这是他们山庄的招牌菜。一眼看去，这豆腐与其他豆腐似乎并无异样，只是颜色是赭紫色的，看上去嫩嫩的，冒着热气，漂着葱花。用鼻子闻闻，有一股淡淡的清香在慢慢地弥散，这是一种和大豆不一样的香味。拿起筷子，夹了一块放进嘴里，感觉很滑很嫩，比豆腐更滑更细。初尝之下，第一口的味道是有一点点苦涩，但很快感觉到了香——苦槠的香，野生植物的芳香。不一会，这种香气就从舌尖弥漫开来，马上就占领整个味觉系统了。

既然是豆腐，就可以切块，晒干，就可以煎炒煮炸。张子卿说，在溪口一带，早年家家户户都做苦槠豆腐。村人将这苦槠豆腐看得很神圣，夏

天暑气伤人，苦槠豆腐凉拌吃；小儿腹泻不止，苦槠豆腐熬粥喝；老人腰酸肾虚，苦槠豆腐又与藤梨根熬汤喝。现在来坑口山庄用膳的人，差不多都会点这道菜，吃了都说好。有的游客走时还要买些带回去。逢年过节，老张会做许多苦槠豆腐，送给四路八乡的亲友，大家都说这是好东西，难得吃到。

苦槠豆腐泛着淡淡的清香，因为它来自冠盖如云的长寿树。它与人的渊源深长，过往多多。过去为救饥荒，而今为解乡愁。吃着苦槠豆腐，想起老家的深山老林，那里有明净的天空、清爽的空气、甘甜的山泉，时光不肯沾染一丝尘埃。它常在你我心头，这是比舌尖留存得更长久的思念。

于是有人就说，如果当年汤显祖吃过溪口的苦槠豆腐，说不定会写下更加脍炙人口的诗篇呢。

记忆中的那一缕鸡子馃香

赵春媚

记得几年前的一个暖暖的午后，我随朋友来到庙下游玩，忽然有人提议："我们去吃庙下鸡子馃吧！听说这里的鸡子馃特别好吃！"传说中那皮薄馅嫩、味道鲜美的鸡子馃就立刻浮现在了我的脑海里，勾出了无数条馋虫来。于是，我们一行几人，就这样沿着错落有致的青石板路，在这条悠长的老街里，寻找起颇负盛名的鸡子馃来。

老街很老了，从它斑驳的墙壁、有些破败的屋檐、略显灰暗的翘角，看得出它已经经历了不知多少年的风霜雨雪。几缕阳光斜斜地照在路面上，更是让人产生了一丝恍惚感，仿佛穿越了时空，来到了另一个静谧的历史空间。

老街也是有文化的，华岗故居就静静地站在这里，既不高大也不突兀，质朴而又无声，让人油然而生崇敬之感，脚步也不由得放慢下来，怕惊扰了这份清幽，惊扰了这位教育大家。

再往前走，一排排店面就出现在了眼前。清一色的高高的木头门，门前还有高高的门槛。这些店面有些像迟暮的美人，虽然有点落魄，但也不愿意放低自己的身恣，依旧是那么修长地靠立在街道两旁。单从这一排排宽敞的商铺大门，就可以看出庙下老街旧时的空前盛况。

当年的庙下老街，可谓是商铺林立，热闹至极。据统计，新中国成立前就共有各类布店、药店、什货店、肉店、饮食店等四十四家之多，是当时龙南有名的一条商业街，也是梧村、遂昌去龙游的必经之路，成为了显

赫一时的经济要道。

当时街路中间是由长条石连接而成，两边铺着小石子。行人和独轮车川流不息。当老街刚洒上清晨的第一道曙光时，"咣当咣当"作响的车马声宣告着一天又将拉开帷幕。到了店铺开门之时，各种吆喝叫卖声、讨价还价声、车水马龙声，更是不绝于耳。

正是因为经济繁荣，南乡人的生活一直以来就是有滋有味、不愁吃穿的，所以心灵手巧的南乡人民就在吃上动起了心思。无论是粽子、清明粿，还是鸡子粿，那份精致、那份美味都是胜人一筹的。

我们终于找到了这家不起眼的小店。简陋的店铺，甚至连店名都没有。两张小桌子、几张椅子，几个小煤炉，一个正烧着开水，一个则放着装满油的平底铁锅，这就是煎鸡子粿的锅了吧！最显眼的就是边上那张极大的料理台，上面摆满了各色调味品和馅料。店里面坐着几个似乎互相熟悉的老街坊，谈兴正浓。

可是开张时间没到，也是吃不着的。我们只好眼巴巴地等着，等着严阿姨做好准备工作，拿出发好了的面团和拌好了的馅，点好了炉子、热好了油，才正式开始动手做这美味的鸡子粿。只见她在不锈钢的料理台上，把摊得长长的面团切下一块来，然后继续把这块面团摊成更长更薄的皮，看上去简直到了快一触即破的地步，才把调好瘦肉、香葱、香油的馅放在皮上，再用双手慢慢拎起这一端，把这薄薄的皮卷成一块，最后灌入一整个鸡蛋，小心地封好口子，放入油锅里煎。这一套功夫一气呵成，真是让人惊叹不已。

在煎的过程中，还得不停地用锅铲往上面泼油，使鸡子馃受热均匀。于是，随着"吱吱"作响的油煎声，鸡子馃的皮慢慢地从白变黄，最后又变成金黄色，直到里面碧绿的葱花、嫩黄的鸡蛋都隐约可见，香气也随之越来越浓之时，才盛出锅来。刚出锅的鸡子馃，看着晶莹剔透，皮几乎呈透明状，简直是薄如蝉翼一般。闻着是香气扑鼻，让人口水直流。咬一口，葱香、蛋香纠缠于齿颊间，让你满嘴留香。尽管烫得不得了，也舍不得吐出来。只好一个劲地吸着气，以减轻舌尖上的烫灼之感。

这家鸡子馃小店，吸引了许多心心念念的食客蜂拥而来，为寂寞的老街增添了一份热闹。身处其间，不由得勾起了几许往日的时光，让人情不自禁地回想起老街的旧日辉煌。

最热闹的时候，当属农历二月初二的传统灯会了。这天晚上，各种花灯挂满了街道两旁，有西瓜灯、走马灯、鲤鱼灯、荷花灯、凤凰灯等，色彩缤纷、绚丽多姿，令人眼花缭乱，映得街市亮如白昼。而且初一、初二这两天，还有专人抬着唐祠老爷的雕像在街上游行，各地的村民慕名而来，更是把老街挤得水泄不通，拥挤的人群缓缓地流动在花灯之中，映得街和人都是红彤彤的，格外美丽。

借此盛会，各种小吃摊也是生意红火，豆腐丸子、馄饨、清明粿、鸡子馃……小贩们也不吆喝，就这样随意地夹杂在川流不息的人群中，自然而然就会吸引不少馋嘴的大人和孩子。看够了，也逛够了，再来上一份美味的南乡小吃，那是一件多么幸福的事！

如今的老街，早已难寻往日的辉煌了，就连这庙下鸡子馃也因为名气太大，因为追求更高的经济效益，也从老街搬到了龙游县城，价格也是从五元一个直接涨到了八元一个。虽然照样是门庭若市，但于我而言，却少了一份老街的味道，少了一份旧时的记忆。

老街已然没落了，随着这一缕鸡子馃的香气悄然远去了。

味道里的老街

妈妈的豇豆馃

赵春媚

据说没有豇豆的夏天，是不完整的夏天！

童年时，我特别喜欢到外婆的菜园子里去玩。在夏天的菜园子里，各色蔬菜都是那么生机勃勃，在燥热的空气里泛着各种颜色的绿。只有豇豆是长得特别肆无忌惮、个性张扬的。你看，那弯曲蔓延的藤蔓像无人管教的顽童，尽情缠绕在竹架子上，搭起了一片阴凉。豇豆花也特别美，形如一群白蛱蝶、蓝蛱蝶，合拢着双翅，静静地立于藤蔓上，温婉动人。等到花落了，结了豆，便如一根根挂面一般，悠长悠长地从架上垂挂下来，宛如这悠长的夏季，一根根都充满着美滋滋的期待。

因为我特别喜欢吃豇豆，外婆菜园里的豇豆也就种得特别多，一排竹架子搭得整整齐齐，上面挂满了长长的豇豆。可是豇豆容易长虫子，因为是给我们吃的，外婆也不喷杀虫剂，有时候实在没办法，只好还没等豇豆长粗壮了，就摘了下来，炒给我们吃。这时候的豇豆也就特别细嫩，随便做成各色菜肴都很好吃。什么豇豆炒肉、干煸豇豆、蒜茸豇豆、咸豇豆泡菜……每一样都爽脆开胃，滋味十足，天天吃都不腻。等到豇豆实在吃不完了，最讨我欢心的豇豆馃就隆重登场了。

豇豆馃其实非常简单，只需一捆新鲜的豇豆，再来一点肥瘦相间的新鲜猪肉以及青辣椒或者干辣椒，准备好半斤小麦粉，就能在一双手的揉揉捏捏之中诞生出一份独一无二的美食来。

妈妈似乎完全继承了外婆的好手艺，她做的豇豆馃特别好吃，是因为

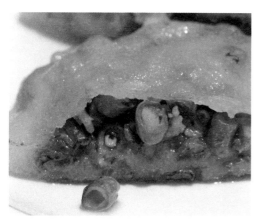

她的馅料是很有讲究的。妈妈喜欢把豇豆切成细细的丁，猪肉也要切得细细的。然后用新鲜刚榨的菜油炒馅，炒得每一粒豇豆丁都滋润软糯、喷香诱人，让人光光看着这颜色、闻着这香味，就能想象出一口咬去满嘴是油的幸福感觉。

妈妈和面也堪称一绝。因为这面和得好坏，直接关系到馃的口感。因为高筋粉较为筋道，而且延展性好，所以最好选用这类面粉。要想做馃的皮软和一点，就要选用温水。一边慢慢倒水一边搅拌面粉，等起片成云絮状时停止倒水，用手将面粉揉和在一起。如果有散落的，再适当加水，直至完全将面粉融合成一团。再反复搓揉，搓到不粘案板、韧性十足为止。

而且面团还要醒半个小时左右，等到水与粉真正融合了，才能使包出来的馃不硬不烂。等面团醒好之后，再均匀分成几个面剂子后，再一个个压平，开始擀面皮，因为馃讲究的是皮薄馅大，所以尽量要把面皮擀薄。但是一般来说中间是底，所以得略厚，四周略薄，大小以盖过手掌为最佳。

做馃的手法其实跟做包子一样，将一大把的馅料舀入面皮中，然后沿着面皮周边逆时针打褶，最后封口压实，将馃向四周轻轻压散，使馃变得又大又圆又薄。在妈妈灵巧的双手下，一个个皮薄馅多的豇豆馃就整整齐齐地躺在了案板上。

每一次做豇豆馃都是我们最开心的时候，我和弟弟总喜欢在一边凑热闹捣乱。或者跟着瞎揉一些面团，把面粉拍得到处都是；或者做成几个豇豆馃，不是皮太厚就是露了馅……在妈妈的轻声呵斥声里，我们姐弟二人却依旧玩得不亦乐乎，整个现场一片欢声笑语。

终于，所有的面团全部做完了，开始要把做好的馃下锅里煎了。此刻要注意一定要用小火。妈妈一次可以煎四五个豇豆馃，她守在灶台前，边煎边勤翻着馃面，一直要煎到面皮两面金黄。因为馃馅是事先炒熟的，所以外面的面皮熟了就行，五花肉在此时因为高温会出油，所以锅子里不用放很多油。在"吱吱"作响的油煎声中，豇豆馃皮逐渐变得透明，有些薄的地方甚至能隐隐地看见里面翡翠般嫩绿的豇豆，随着散发出的诱人香味，令人直咽口水。等到一个个装进洁白的盘子里，更是香艳照人，令人食欲大增。这时候总是妈妈在灶台前忙活着，我们在餐桌上大吃着，装馃的盘子永远是空着的。妈妈常常笑着说："我做的速度还赶不上你们吃的速度，慢点吃，还有很多呢！"我们鼓着塞得满满的腮帮子，嗯嗯嗯地应着，嘴里却一刻都没有停下来。

这真是幸福得不得了的事，我一边吃着豇豆馃，一边和弟弟打闹着，一边听着父母的唠叨，无限的满足感就在小小的心灵里蔓延开来。

第二天早上，就着妈妈刚煮好的香喷喷的白米粥，煎得金黄诱人的豇豆馃、几碟色彩缤纷的凉菜，在这苦夏食之无味的日子里，就能完全令我们胃口大开，吃到肚子滚圆为止。

豇豆馃真的是每个妈妈都会做的家常美食啊。结婚之后，我的婆婆，也在菜园子里种了些悠长悠长的豇豆，也会在豇豆丰盈的夏季，为我包裹这记忆中的美食。婆婆做的馃皮没有妈妈的薄，甚至个别还有点厚，但是馅料却是足得很，一口咬下去，满满的都是浓浓的豇豆和猪肉香。在每一个圆圆的豇豆馃里，蕴含的都是婆婆对我们这些晚辈的爱啊。

直到现在，我依旧忘不了在饭桌上，那长一句短一句、深一句浅一句的贴心话儿，忘不了那摇着大蒲扇轻轻地为我们扇去炎热的恬静和温暖，更忘不了这小小豇豆馃那令人回味的浓香。

难忘番薯片

邓根林

邻居寿根家挖起了一株特大番薯，一茬五个，总重量达十七公斤，其中最大的一个番薯重达十公斤。这么大的番薯，大家都没有看到过。于是，全村的男女老少都跑去看稀奇。我拿起手机，拍下了这难得一见的"番薯王"，把照片发在朋友圈，马上引来了众多的点赞。望着这熟悉而陌生的番薯，我的心情久久不能平静。

我生长在龙游北乡，是喝着番薯粥、吃着番薯丝饭长大的。

那时候，村里人多田少，水稻的产量很低，收获的稻谷除了上交国家的农业税、定购任务，已经所剩无几，根本不够全家人吃。北乡是典型的黄土丘陵地带，"农业学大寨"运动造就了不少"大寨田"，虽然也种上了水稻，可是十年九旱，收成少得可怜，因此，仍然难以解决大家的吃饭问题。为了能够吃饱肚子，村里又开垦了许多荒山坡地种番薯，结果，番薯长势良好，成了我们的主食。我家的饭桌上，几乎每天都可以见到番薯的身影：有时是番薯粥，有时是番薯丝饭，有时桌子上的菜也是辣椒加番薯叶子、番薯梗炒的。可是，这些食品都很容易吃腻，我最喜欢的是晒干的番薯片。

说起番薯片，老家至今流传着我当年的一个笑话。

那年我十二岁。一天，我放学后回到家，哥哥们都割猪草去了，留我一个人看家。我突然发现，前几天一直晒在门口的番薯片不见了。我肚子饿得"咕咕叫"，便满屋子去找。结果，找遍了家里的角角落落，翻遍了家里所有能藏东西的坛坛罐罐，仍然不见番薯片的踪影。母亲把番薯片藏哪里了？

我看看空荡荡的家，发现只剩下屋角那个一人多高的大谷柜里没有搜查，可是，谷柜的盖子上，堆放着几十只大南瓜、大冬瓜，少说也有一百多斤。我费了九牛二虎之力，搬掉了一部分，然后，站在凳子上，用力掀起柜盖，用头顶住，把手伸进柜子摸索着。可是，谷柜里没有稻谷，已经见底，柜子太深，我的小手又太短，够不着。于是，我去找来一支竹竿，撑起那沉重的柜盖，然后整个人钻进谷柜里。经过一番摸索，终于在谷柜的角落里找到了母亲珍藏的番薯片。正当我欣喜若狂、忘乎所以地把番薯片大把大把地往口袋里装的时候，一不小心，我碰倒了小竹竿，只听得柜盖"嘭"的一声压了下来，我像一只偷吃的老鼠，被关进了漆黑的笼子里。不管我怎么用力推，用头顶，就是掀不起那压着许多南瓜、冬瓜的柜盖。我被关在柜子里，里面漆黑漆黑的，一害怕，就歇斯底里地大哭起来。可是，家里没有别人，我哭得再响也没有用。后来，自己哭着哭着，竟不知道什么时候睡着了。

后来，我听母亲说，父亲晚上回到家，看到大门开着，看门的我却不见踪影了，以为我又偷着玩水去了。一家人急得手足无措：孩子可能落水了！

村里人闻讯赶来，有的带着渔网，有的拿着带叉的竹竿，推搡着双腿发软的父亲来到村口的小麦塘边，然后分头下水去捞。一班人把面积有两亩的小麦塘捞了好几遍，一直忙活到半夜，仍然不见我的身影。一家人急得不知道如何是好，母亲更是哭成了泪人。

正在大家商量着带什么工具去村外的大麦塘寻找的时候，有人听到了我拍打柜子，哭喊救命的声音。

原来，睡着了的我，在谷柜里被尿憋醒，大声呼救，这才被父亲像抓小鸡一样拎出了谷柜，用"水牛棒"结结实实地痛打了一顿……

为了留住这些番薯片，可以在过年的时候拿出来炒了招待客人，父母可以说是绞尽了脑汁——到邻居家里借来一把特别长的梯子，当着我们兄弟几个人的面，把装着番薯片的麻袋，拿绳子捆扎结实，然后，悬空吊在屋顶的中梁上。这样，我们只能看着麻袋在头顶上晃荡，却不能吃到头顶上悬挂着的番薯片，只能咽着口水干瞪眼。

那天学校开完运动会，我参加了八百米的跑步比赛。回到家，肚子已经唱"空城计"了。我便翻箱倒柜地找东西吃，可是，一点吃的都没有找到。这样，我的眼睛又瞄中了屋梁上的麻袋。我一眼看到门口空地上有一根母亲晒衣用的长竹竿，便想起了学校里经常玩耍的标枪，心里有了主意。我去里屋找来一把柴刀，用刀削尖了竹竿细的一头，然后，瞄准栋梁上挂着的麻袋用力戳。不一会，麻袋就被戳出了一个破洞。我握着竹竿在破洞里搅动，番薯片就接二连三地掉了下来，很快就填饱了我的肚子。由于番薯片软软的，麻袋扎得又紧，竹竿戳几下才会掉下几片，不去动它，番薯片就不会掉下来。我知道了这个秘密，什么时候想吃，就拿竹竿戳几下。大家都浑然不知，我一个人偷偷地享用那甜甜的番薯片。

快过年了，母亲准备好用来炒番薯片的细沙子，父亲去邻居家搬来长梯子，解下屋梁上的麻袋，结果发现麻袋里的番薯片已经所剩无几。于是，我们兄弟几个受到了"突击审查"，我只得乖乖地"投案自首"。结果，我的手足又被父亲用"水牛棒"打得青一块紫一块的……

你也许会以为，我最喜欢番薯，才会偷吃。其实，我是最讨厌吃番薯的。番薯是一种粗纤维食物，富含气化酶，容易致人翻胃肚胀，产生积气，放屁既响又臭，让人嗤笑。听过"上海佬"讲过这样一个笑话：有一次，一个私塾先生刁难学生，出了个上联要学生对出下联，对不出来的要挨戒尺，受到惩罚。那老师出的上联是："鲜花不香，香花不鲜，唯有牡丹花又香又鲜。"突然迸出这样一个上联，短时间内要对出下联，实在不是一件容易的事。为了免受惩罚，学生们搜肠刮肚、绞尽脑汁想下联，却怎么想也想不出来。这时候，一个"淘气鬼"看到私塾先生正津津有味地吃着个熟番薯，便信口接对："响屁不臭，臭屁不响，唯有番薯屁又臭又响。"惹得学生们哄堂大笑，私塾先生自讨没趣，难堪得无地自容。

我小时候，农村的水田少，粮食产量不高，再加上自然灾害不断，人多地少，打下的粮食根本不够吃，为了在青黄不接的时候不至于挨饿，精明的母亲早有打算。一到秋天，生产队分来的番薯，无论大小好坏，母亲

味道里的老账

都能物尽其用：好的被切成薯片，留着过年时招待宾客；大的被刨成薯丝，晒干，装进麻袋，放入谷柜；小的煮熟晒干，出门干活路上当点心吃。由于粮食少，为了留下足够的大米，过年时招待亲朋好友，家里几乎天天都吃大米少、番薯丝多的米饭，以致多少年后，我们兄弟几个一闻到番薯丝饭的味道就翻胃。再后来，农村实行了家庭联产承包责任制，推广了袁隆平的杂交水稻新品种，粮食产量有了大幅度的提高，大米再也吃不完了，番薯丝饭才完成了它的"历史使命"，离开了我家的餐桌，淡出了我的视线，成了遥远的记忆。

岁月沧桑。当年的番薯地，大多已经退耕还林，昔日那漫山遍野皆种薯的壮观场面，已经难得一见，番薯产量锐减，很多地方已经看不到番薯的身影了。随着科学的发展，番薯的营养价值却被越来越多的人所了解。《本草纲目》记载，番薯有"补虚乏，益气力，健脾胃，强肾阴"的功效。番薯富含糖分和粗纤维，含有多种维生素和矿物质，可以促进消化排泄、降低血脂和胆固醇的含量、预防血管硬化。因此，超市中的番薯片，薯制淀粉、粉丝，甚至烤红薯，都成了一种时尚的美食，深受人们的喜爱。但从前那"不爱灵药共仙丹，唯爱红薯度荒年"的时代已经一去不复返了。

美

食

记

忆

菜羹飘香

陈德荣

　　龙游菜羹，是一道传统的美味佳肴，具有悠久的历史。据考证，做龙游菜羹始于南宋，流行于明清时期。由于连年战乱，瘟疫蔓延，龙游人口数量从明朝中叶的十五万余人锐减至两万余人。龙游因地处金衢盆地，衢江、灵山江穿境而过，地大物博，资源丰富，江西、福建、温州等地的居民大量涌入，在龙游扎根定居，繁衍后代。这些外地人初来乍到，条件艰苦，在地头山上搭建茅棚，吃得也简单，灶头用几块石头一叠，上面架一口大锅，用瓜果蔬菜拌着米粉做的菜羹果腹，因为做法简易好学，本地人争相效仿，菜羹就留传下来了。

　　前几天，我去看望一位结交多年的老友，刚一进门，他就跟我讲："你这家伙真有口福，今天我家糊菜羹吃。"我说："菜羹我小时候经常吃。"老友看我一脸不屑的表情，说："现在的菜羹与我们小时候吃的已经不能同日而语了，如今糊菜羹要求食材新鲜，营养丰富，荤素搭配，五味调和，讲究色、香、味俱全。"听他讲得兴高采烈，我也仿佛受到了感染，为了品尝久违的菜羹，随他去书房喝茶聊天，耐心等待，让女主人一个人在厨房做菜羹。

　　大约过了一个钟头，一个龙泉大海碗装着热气腾腾、香气氤氲的菜羹端了上来，光从菜羹色泽上看，完全是视觉上的享受，色彩搭配得恰到好处，老友对主要食材一一作了介绍，红艳艳的是菜椒、火腿肉片，黄澄澄的是鸡脯肉和鲜香菇，黑黝黝的是木耳，碧绿色的是豌豆，青翠色的是香

味道里的龙游

菜、小葱，白玉色的是手工制作的盐卤豆腐，五颜六色，齐聚一堂，用色彩缤纷来形容也不为过。扑鼻而来的香味，刺激着味觉神经，我经不住诱惑，还没等老友介绍完，我就急不可耐地舀了一碗，喝下去齿颊留香，顿觉心清气爽，因意犹未尽，又添了半碗。

虽然老友家的菜羹制作精细，味道鲜美，但是小时候吃过的略带苦味的菜羹，留存在记忆深处，至今难以忘怀。我出生于一个贫寒的农民家庭，家里兄弟姐妹多，父母经常为了我们能填饱肚子而犯愁，尤其是二十世纪五六十年代，食物匮乏，家无隔夜粮，吃了上顿愁下顿，为了生存，只得采集一些野菜充饥，心灵手巧的母亲为了改变野菜的苦涩味，会想方设法制作成我们喜欢吃的菜羹。

母亲把我们采来的野苦麻菜、马齿苋、蒲公英、马兰头、荠菜、金芽菜等野菜分门别类，择去根须、杂质，用水反复清洗干净，放在沸水中焯一焯，然后放冷水中浸泡一到两个小时，将野菜中的苦涩味去除，切碎备用。再用旺火烧一锅水，水烧沸后投入一定比例的米粉，用小火慢慢煨至黏稠时，加入切好的野菜，边搅动边拌和，菜羹将成后，再加点食盐和少许猪油，喜欢吃辣的放点辣酱，一家人围坐在一起，吃得津津有味、其乐融融。

有一次，我好奇地问母亲："为什么龙游人要把菜羹叫作千羹呢？"母亲告诉我，不外乎两个原因，一是"菜"与"千"龙游方言发音相近，逐渐通用了。二是米粉可与千百种菜蔬任意搭配，制成菜羹，为此俗称"千羹"，听了母亲的解释，我才恍然大悟。

我记忆中最为深刻的是吃稗子菜羹，那独特的清香味，这么多年过去了，还镌刻在脑海之中。有一次生产队安排我去留作种子的稻田里割稗子，当我看到金黄色的稗子，颗粒饱满，丢在田埂上让鸟啄食时，感到有点可惜，便突发奇想，把稗子拿回家去，磨成粉代替米粉，用于糊菜羹。于是我把割下的稗子捆好带回家中，把稗子采集下来，用团匾晒干以后，用手推磨磨成粉，一称竟有三斤多，把母亲高兴得不得了。每次大概用一斤左右稗子粉糊菜羹，全家人都说稗子粉比米粉清香、可口，于是，一有机会我就割点稗子回来让家人一饱口福。

美食记忆

还有一次，父亲在耕田时，在田塍边看到一大片鸡坳菇，他把箬帽翻转来，把鸡坳菇小心翼翼地采下来，带回家来，叫母亲用鸡坳菇糊菜羹，母亲说："这么多鸡坳菇拿到市场上至少可卖两块钱。"有点舍不得，父亲果断地说："别管那么多，让孩子们尝尝鸡坳菇的鲜味。"于是我喝到了终生难忘的鸡坳菇菜羹，总之，在那艰苦的岁月里，菜羹给我留下了太多美好的回忆。

龙游北乡人至今还保留着糊菜羹的传统，到了下半年冬闲时节，经常有人糊菜羹，一糊就是一大锅，一家人围坐在火炉边喝菜羹，糊菜羹的人家会给四邻八舍每家每户送去一大碗尝鲜，让邻居们分享美味和快乐。每年的正月十五几乎家家户户都要糊菜羹，因为菜羹是"催耕"的谐音，寓意过了正月十五，春耕生产即将开始，农事渐忙，人们又要在田野上挥洒汗水，播种希望了。

改革开放以来，人们的生活发生了翻天覆地的变化，彻底改变野菜唱主角的简单做法，菜羹不再是为度过饥荒的食物，而是人们调节生活的美味佳肴，菜羹的配料发生了显著变化，花色品种繁多，食材日臻丰富。菜羹配料中，一般会添加猪肉丁、鸡丁、牛百叶、火腿片、海鲜等荤菜，豆腐、金针菇、小青菜、芥菜心等原料也是必不可少的。还可以根据个人的喜好添加食材，讲究的是营养均衡，荤素搭配，味道鲜美。

近几年来不少酒店饭馆也推出特色菜羹，为了招徕生意，店主还推出荷花菜羹、桂花菜羹、怪味菜羹、忆苦思甜菜羹等特色菜羹，由于香味浓烈，风味独特，颇受顾客的青睐。经过不断的改良和翻新，菜羹已成为一道靓丽的龙游风味小吃。

味道里的老味

别样元宵宴

王曙静

　　桂花香馅裹胡桃，江米如珠井水淘。

　　见说马家滴粉好，试灯风里卖元宵。

　　这首《上元竹枝词》精练形象地描绘了古代元宵节做汤圆卖汤圆的喜庆场景。自汉朝以来，每年元宵节吃汤圆的风俗延续至今。又是一年元宵节，不过，此行前往湖镇镇星火村，没有看到汤圆，却尝到了别有风味的咸水粥和蕴藏其中的浓浓家风。

　　正月十五，时逢大雨，春寒料峭。寒冷的天气并没有削减大家过元宵节的热情。湖镇镇星火村邵阿姨精心准备好了食材，每年的今天，她都会煮一锅咸水粥。邵阿姨介绍，煮咸水粥是有些讲究的，除大米之外，光是食材就有十种之多。金灿灿的玉米粒、硕大的花生米、黄豆，上好的香菇干、墨鱼干，鲜瘦肉、腌瘦肉，新鲜的肥肠、芋艿和芥菜。其中花生米、黄豆、香菇干、墨鱼干要经一晚的浸泡，这样更容易熟，老少咸宜。"煮咸水粥并不太难，但是邻居们都会串串门，互相帮着，远亲不如近邻嘛。"邵阿姨一边开心地和邻居大姐聊着，一边准备着煮粥前的最后一道工序。

　　"每样食材都要单独炒一炒。"只见邵阿姨在锅里下了足量的菜油，她八十三岁高龄的婆婆笑眯眯地在烧火。没一会儿，菜油的香醇弥漫开来，飘散在整间厨房。在这样香味四溢的厨房里劳作，应该也是一种快乐吧。

美

食

记

忆

"炒这些食材最好用菜油，不仅香，煮到粥里后味道也更好。"邵阿姨告诉我们。没一会儿，几样菜都炒好了，等最后下锅的芋艿稍熟后，邻居大姐帮着倒进了一整壶开水，接着倒进已准备好的食材，此时压力锅里的花生米和黄豆也熟了，再加上一斤半大米，它们"其乐融融"地在锅里沸腾起来，再适时加点盐，就等着咸水粥烧煮得更稠更烂。

"为什么不放在这里做呢，不更方便省事？"我发现土灶边上就是闲置的煤气灶。"土灶的锅大，不过更重要的是，放在土灶上家人邻居你帮一手，我添一柴，一起做才开心。"邵阿姨和邻居大姐吴赛娟齐声说。柴火在绚烂的火焰里噼里啪啦地燃烧着，妇女们快乐地忙碌着交谈着，厨房里氤氲着淡淡的烟火气息。人间烟火，不正应该是这样吗？

"咸水粥看起来不怎么样，吃起来那可就不一定咯。"邵阿姨和我提起了一件往事。三十多年前的一个元宵节，也像今天这样大雨滂沱。从城里来看灯会的六七个人到了邵阿姨的邻居家，恰巧那邻居不在。他们几人苦苦地在门口等候，邵阿姨的公公吴大爷看不过去，就招呼他们进来躲雨，顺便招呼他们喝碗咸水粥。几个城里人开始很不屑，因为当年的咸水粥看起来像"猪食"。吴大爷就说："不管好不好看，尝了再说。"在他的盛情邀请下，他们几人象征性地盛了点尝尝，不尝不要紧，这一尝他们就放不下碗筷了，喝了一碗又一碗，直喝到三大锅咸水粥都见了底。

据说做咸水粥的传统是从仙居传过来的。吴大爷祖籍仙居，早在清朝年间，他的祖先就迁到了湖镇镇星火村。

"听我公公讲，仙居人特别勤俭持家。过去，大家条件都不好，只有

正月里客人来才会有鸡鸭鱼肉等荤菜，这几样荤菜热了一遍又一遍，端上来又端下去，直到元宵节大家差不多都拜完年了，剩下的菜都在这天晚饭煮成一大锅咸水粥，分给大家吃，邻里也互相尝着每家不同的味道。"

元宵节喝咸水粥本是仙居移民的传统，因其口感香醇、咸淡相宜，又因着勤俭节约、邻里和睦，元宵节喝咸水粥在湖镇镇的星火村和新光村已蔚然成风。几百年来，每年元宵节，家家户户都喝着咸水粥，听着古老的家训，期冀在新的一年里继续勤俭持家、一团和气……

美食记忆

三月野菜味鲜美

陈德荣

阳春三月，春光明媚，神奇的春风翻开浪漫的诗篇，掀开唯美的画卷，吹绿了江南大地。蓬勃茂盛的各种野菜争奇斗艳，向人们报告春天到来的消息。在踏春的同时，采摘一些野菜，既满足舌尖上的美味，又增加生活的情趣，何乐而不为呢！

野菜中，我对荠菜情有独钟，因为荠菜萌于严冬，茂发于早春，像一位春天的使者。据有关文献记载，人们采食荠菜已经有两千三百多年的历史了。它不选择环境，适应性极强，多生长于田埂、路旁及庭院湿润之处。荠菜清香可口，味道鲜美，吃法有多种，有凉拌、炒食，也可作菜馅，尤其是包饺子、做包子更是风味独特，堪称野菜中的佳品。采摘荠菜时就会联想起苏东坡的名句："时绕麦田求野荠。"陆游更是对荠菜的美味赞誉有加："日日思归饱蕨薇，春来荠美忽忘归。"

"疏风小圃宜莺粟，细雨新蔬采马兰"，进入三月，清明之前是采食马兰头的最佳时节。前几天，阴雨绵绵，天一放晴，老伴就嚷嚷着要去衢江边采马兰头，我整天窝在办公室，郁闷得很，正好陪她出去走走，感受一下浓浓的春意。马兰头刚刚吐出嫩芽，剪了半天，竟也有满满的一小篮，拿回家来，用沸水一焯，切细后，与龙游开洋豆腐干一起翻炒后装盘，淋上少许麻油，青翠的马兰头配上黄白相间的香干，色、香、味俱全，让人垂涎欲滴、食欲大增。

我们小时候采食最多的当属蒲公英，蒲公英分布很广，田畈里、山坡

味道里的老味

上、沟渠边，到处有它的身影。采撷一把，洗净切碎，放点花生油爆炒，清香中略带点苦味，风味独特，如用开水焯一焯，放冷水中浸三五个钟头，口感会更好，既可配粥，又可下饭。蒲公英不仅有很高的营养价值，还有很好的药用价值，素有天然抗生素和消炎药之称，植物体内含独有的蒲公英醇、蒲公英素，有清热解毒、散结消肿、通淋利尿等功用，是药食兼用的野菜之一。

有树上野菜王之称的香椿，我国人民采食历史悠久，至少可追溯到汉代之前。香椿叶厚芽嫩，绿叶红边，形如翡翠，香味浓郁，营养成分极为丰富。我尤其喜欢采摘鲜嫩的香椿头，用于炒鸡蛋，金黄的鸡蛋配上翠绿的香椿，"我中有你，你中有我"，色泽鲜艳，香气扑鼻，不失为野菜中的上品佳肴。

春天，野葱也是颇受人们喜爱的野菜，田边地角，山坡渠边都有它的身影。野葱因富含大蒜素，具有通阳散结、行气导滞、健脾开胃、解热祛痰等作用，一般用于炒腊肉、滚豆腐、炒鸡蛋，小时候用它来炒饭吃，香气扑鼻，很能激发人的食欲。

清明时节，龙游人几乎家家户户要做青稞。人们去田野采摘一些鼠曲草或香艾的嫩苗，尤其是香艾有温经止血、散寒止痛、祛湿止痒、杀菌消炎之功效。鼠曲草、香艾经开水一烫，清水漂过，再用石臼捣烂，或者捞出晒干，碾成细粉，掺入粳米粉（或糯米和籼米按一定比例混合），用力搓揉，使之均匀，待面团产生韧性后即可包馅。可根据个人喜好准备馅料，甜粿以白糖、红糖、豆沙、芝麻为馅，咸粿一般以猪肉、笋干、豆酱、咸菜等做馅，用粿印压成圆形，上印花纹，做好后放炊笼上蒸熟即可食用，香味浓郁，鲜美可口，老少皆宜。

春回大地野菜肥，十里春风不如你。鱼腥草、车前草、苦叶菜、水芹菜、牛棒笋、蕨菜等野菜也是人们餐桌上的常客，采野菜是一种消遣，每次采摘都是心灵的洗涤，均有不同的体会和收获。吃野菜成为一种时尚，让生活中洋溢着原生态野菜的醇香。

"野菜逢春发满山，馨香阵阵溢田湾，精神抖擞提篮走，茧手频挥采秀忙。"春天来了，繁花似锦，蜂舞蝶狂，风和日丽，鸟语花香，让我们走近大自然，吸一口新鲜的空气，采一捧碧绿的野菜，沐浴和煦的阳光，品读别致的春天，是何等的惬意！

美食传说

龙游发糕

龙游发糕的历史源远流长，而它的来历也非常有趣，有一个美丽的故事在当地流传。

相传朱元璋攻占衢州后，将衢州路更名为龙游府。朱元璋坐上龙椅后，认定自己从"潜龙勿用"一跃成为"飞龙在天"，是得了龙游这个地名的"口彩"相助；而且他当年转战龙游时，曾在马戍口、三叠岩等地遭遇危险，都因得到当地人的帮助而化险为夷，所以他对龙游别有情怀。

有一年腊月时节，朱元璋带了几个亲信微服私访龙游。那天，朱元璋一行人走进一张姓员外家，员外见他们言行举止非等闲人，忙招呼儿媳妇为客人蒸米糕。小媳妇急急忙忙去准备，在拌米粉蒸糕时，慌忙中不小心碰翻了搁在灶头上的一碗酒糟，眼看酒糟渗进了米粉，小媳妇急得直想哭，可是她不敢声张，怕遭到公婆的责骂，只得把混入酒酵的米粉依旧拌好放进蒸笼里蒸。约莫一炷香的时间后，小媳妇忐忑不安地端上米糕，掀开蒸笼盖，一股夹着淡淡的荷香和酒香的米糕香扑鼻而来。朱元璋忙惊奇地夹起一块，只见蒸糕色泽洁白如玉，质地膨胀疏松，内有密密麻麻的细孔，吃上一口，香甜松软，糯而不黏，胜过无数宫廷小吃。朱元璋尝后，赞不绝口，便问："这是什么糕点？"张员外正纳闷米糕怎么会这样"发"起来，想问媳妇究竟是怎么回事，见客人如此赞赏，灵机一动回答说："发糕。""福高？多吉利讨彩的名字啊！"朱元璋听了连声叫好。

因为发糕特有的松软可口，更因为其谐音"福高"，寓"年年发、步步高"的吉祥之意，从此以后便流传开来，成为龙游老百姓过年的必备名点。乾隆年间，乾隆皇帝下江南，微服私访龙游，品尝发糕后，对发糕的色、香、味、形大加赞赏。龙游发糕于是成了贡品，一直进贡朝廷。

味道里的龙游

龙游葱花馒头

　　馒头的历史悠久，而龙游葱花馒头的出现，大概是在南宋时期，为了抵抗元军南侵，宋朝政府不断从各地征收士兵。龙游社阳有家富户，大儿子应征入伍。其母黄氏万分不舍，担心儿子一路上会挨饿，准备给儿子做些面食带上。为了能延长保存时间，增加香味，就在面粉里和了些做酒剩下的酒糟。出乎意料的是，蒸出来的面团不但香味浓郁，而且个头饱满圆润，好看又好吃。黄氏看着圆润的面团，希望儿子能够圆圆满满完完整整地回来，所以起名叫"满头"。几年之后临近过年前，儿子果然完好无损地回来了，还当上了仁勇校尉。为了纪念这个回家的日子，黄氏每年年前都会做馒头吃，还在里面夹上狗细葱和黄酱。慢慢地，周围邻居也开始效仿，馒头里面的狗细葱也换成了更好吃的猪肉、笋干和香葱，味道也就更加鲜美了。

　　后来，因为馒头包含着吉祥如意、圆圆满满的美好祝福，人们又把它放到了宴席上，龙游葱花馒头也就成了传统宴席、新春佳节必备的点心之一。

龙游肉圆

葛根有解肌腿热、生津止渴、止泻护胃的功效，药用价值高，由于葛根比较粗壮，所以人们常把葛根切片和其他中药一起混合服用。后来，充满智慧的南乡人民又把葛根加工成粉末，并把葛粉用到了菜肴上，做成丸子状的食品，保健、美味两者兼有，深受南乡人民的喜爱。

有一回，龙游商帮的商人童巨川送货去温州沿海一带，回来时经过遂昌，在借宿的农夫家里吃到了葛粉丸子，感觉不但有嚼劲，味道还特别鲜美。童巨川吃了后赞不绝口，当即请教其做法。回到家后就将葛粉丸子的制作方法讲给了厨师听，让厨师做给他吃。可是葛根这种野生植物本来就不多，葛粉极不易得，于是，厨师只好尝试着用米粉试做了几次，做出来的丸子味道却和童巨川说的相差甚远。后来，他改用了曾经用来做鸡蛋面的红薯粉又进行了尝试，但口感还是不如葛粉丸子有韧劲。聪明的厨师又加入了芋泥，芋艿的韧劲和软滑度，加上薯粉的色泽红润透亮，做出来的丸子大获成功，不仅色相好看，口感也很佳。后来，又在丸子中加入了猪肉等配料，这样的丸子吃起来就融合了芋艿的清香、猪肉的鲜美，糯香滑口，它的名称也从"芋圆"改叫为"肉圆"了。在后世不断的制作发展过程中，现在的龙游肉圆就慢慢形成了。

龙游清明粿

龙游清明粿出现在东晋初年。

一千八百多年前，西晋"永嘉之祸"后，为躲避战乱，大量的官员及百姓纷纷南迁。东晋初年，不少中原百姓在浙江落户。中原文化也随之传入鱼米之乡的龙游，清明粿文化就是其中之一。

清明粿原是中原百姓祭祀祖先时的祭品，中原祭祀除了五牲以外，还用面食制作成果品状代替果品来祭祀。到了南方后，因南方不产麦子，所以就用米粉代替，渐渐地就演变成了今天的清明粿。

龙游的清明粿还要用上一种植物，那就是"青"。开春以后，野菜遍地的时候，农家姑娘们就会上野外"采青"，此"青"即艾草或鼠曲草，把"青"晒干磨成粉，拌进糯米粉中，这样做出来的清明粿表皮油光透绿，色如翡翠。龙游人民就用这美味漂亮的清明粿来祭祀祖先。

龙游烂塌粿

　　烂塌粿是龙游民间常见的一种小吃，一开始只为充饥，随着生活水平的提高，烂塌粿被搬进了小吃店，成为一种时尚小吃。由于烂塌粿具有面皮筋道、皮薄馅多、外脆里软的特点，深受食客的喜爱。

　　相传在清朝末年，龙游街头常有一位白发老翁，推着小推车沿街叫卖面粿。他经常在路边或灵山江边摆开摊子，现场架锅劈柴生火，直接从灵山江里舀水和面、给锅里添水煮汤。他也不高声吆喝，只是静静地等着寻味而来的食客。只要有食客前来，就会将早已和好的面团拿出，双手一扯二扯三四扯，五拉六拉七八拉，像变戏法似的将一块面团拉成薄薄的一个面饼，摊在案板上，又快速地在面饼上撒上细细的葱花、酸酸的咸菜等配料，然后放入油锅中煎成两面金黄。在煎的同时，依旧不慌不忙地从小推车上挂着的一个布袋里，取出各种调料，调入面碗中，加入沸水冲成一碗鲜汤。此时，饼也煎好了，配着鲜汤刚好一起递给食客。

　　因为他制作手法奇特，鲜汤香气扑鼻，面粿味道地道，这种烂塌粿冲鲜汤的奇妙搭配，令围观者垂涎三尺、食欲大增，也就名扬四方，成为地方一绝了。

味道里的龙游

龙游豆豉

　　龙游豆豉是浙西地区特有的一款休闲食品。它不同于四川豆豉，虽然都叫豆豉，但两者之间的外观、制作方法、原材料和用途等方面都是大相径庭的。龙游豆豉最初是乡间农户为了有效利用剩余的瓜果干和果皮干，把它们加工、风干后得来的一款零食。随着社会的发展和消费习惯的改变，渐渐地，龙游豆豉逐步演变成一款流行于当地的休闲食品，选料丰富、味道鲜辣、酱香浓郁，并一举成为非常有代表性的龙游小吃之一。

　　相传在明朝初年，浙西大旱，田地颗粒无收，百姓只好外出四处要饭，更别说交粮上贡了。由于当时明朝刚刚建立，为治理好国家，刑法相当严苛，乡民为交不了粮食而恐慌，只好纷纷哀求县老爷。县老爷爱民如子，他为了交粮的事想破了脑瓜。一日忽然想起自己外出巡查时所见的一幕——一地的橘皮、南瓜干、豆瓣酱晾晒在房前，这种景象在龙游当地非常普遍。他顿时心生一计，急忙下令各处乡绅收集每家每户的南瓜干、柚子皮、橘皮、土制豆瓣酱等杂料。这一收，竟然也有几箩筐，他又命厨师用米粉与它们调和在一起蒸制成熟，分成一块块饼状。等到冷却风干之后，自己尝了尝味道还不错，才让下人分装成一盒一盒上贡给皇帝。因为这种食物极易保存，而且吃起来特别有韧性，就像糍粑一样，县老爷就把它命名为豆糍。

　　开国皇帝朱元璋初见此食物很是奇怪，心想哪里的官员，怎么上贡了这种不起眼的东西。他拣了一块尝了尝，觉得风味独特，以前似乎从未尝过，就开口询问："此为何物？什么个由来？"底下的官员以为皇帝要兴师问罪了，立刻倒头就拜，进行了一番解释，由此皇帝才知道了龙游的饥荒灾情。朱元璋本人也是穷苦老百姓出身，向来关心民间的疾苦，便大笔一挥，下旨减免了龙游当年的所有赋税，再尝一块时，心里更是百味杂陈，百姓不易呀！又连下圣旨令官员前去龙游放粮赈灾，帮助龙游百姓渡过灾荒。

灾荒过后，百姓们也汲取了教训，每年家家户户都会利用家里的橘子皮、柚子皮这些原本要丢弃之物，做出一些豆豉来以备不时之需。后来，因为豆糍要以豆瓣酱为主要材料，就改名为豆豉，成了一种零食流传至今。

龙游葱饼

据说北宋靖康年间，皇帝昏庸无能，加上北宋朝廷一向重文轻武，面对北方浩浩荡荡来袭的金兵竟束手无策，朝廷无奈只能下诏征兵。当时上至六十岁的老人，下到十五岁的孩童，凡是男丁都被官府抓走从军。

其中，龙游沐尘有一姓吴的青年也被迫无奈从军，由于他刚与妻子钟氏完婚，小两口恩恩爱爱。妻子钟氏看着马上就要奔赴沙场的丈夫，心中很是不舍，于是就想着行军作战条件艰苦，担心丈夫在军中填不饱肚子，想为丈夫多准备一点干粮。可是当下又逢战乱，家中除了一点粗面粉和梅干菜就没有什么吃的了。聪明贤惠的钟氏没有放弃，她动起了脑筋，心想不如把梅干菜拌点面粉做成面饼，虽然可能不好吃，但至少可以充饥填肚。准备好面粉，钟氏又到门口的小河边抓了一把野生狗细葱，把它洗净了切成小段一起拌入粉中，做好后就烙在锅中。烙完饼，钟氏就做其他事去了，等到闻到屋内香味，才想起了锅中的饼。她急忙跑到厨房，打开锅盖一看，原来锅中的水早已烧干，里面的面饼已经紧紧地贴在锅壁上微微泛黄，底部已是焦黄酥脆，香味扑鼻了。妻子大喜，赶紧照着样子又多做了几个，这次她干脆直接把面饼抹了点水粘在锅壁上烤。丈夫吃得热乎乎的，味道也觉得与以前的面饼很不一样，大加赞赏。因为这饼是烤出来的，丈夫就笑着对妻子说："今天你做的这种好吃的面饼就叫烤饼吧！"这就是早期烤饼的雏形。后来由于这种烤饼水分少，便于存放，不易变质，口感又好，且吃下去比较熬饥，于是就在民间流传开来了。

北宋灭亡后，宋高宗南下建立了南宋，机敏的龙游商人很快嗅到了商机，便把烤饼生意做到了京城临安。龙游物产丰富，龙游人也善于制作各种美味佳肴，加上当地出产优质的土猪肉及清香的狗细葱，于是龙游人尝试着把多种美味包裹进了烤饼之中，并且将烤饼个头做得更为小巧。渐渐地，烤饼也就演变成了以龙游土猪肉和狗细葱为馅的龙游葱饼。很快，龙游葱饼就成为当时京城的知名小吃之一，并迅速在各地流传了开来。

龙游北乡汤团

汤圆最早出现在唐朝贞观年间，是太宗李世民元宵节赏赐大臣的御用食品，唤作"唐圆"，后流传至民间，改称汤圆。到宋朝，汤圆已成为民间的一道传统小吃。

龙游汤团的由来应从唐僖宗中和元年说起。相传当时龙游北乡石佛龙门山住着一对老夫妻，他俩非常勤劳节俭，一生积累了很多的财富，日子过得很富足。夫妻老来生有一子，因过于溺爱，养成了好吃懒做的习惯。父母死后，懒惰成性的儿子一家很快败光父母的家产，到了腊月二十四小年夜，看着家家户户都在过小年，几天都没吃饱饭的儿子和他的妻子也打算做点吃的，翻箱倒柜只弄了一碗米粉和一点剩菜。他们把米粉做成汤圆，把剩菜裹进汤圆里，小小的汤圆变得庞大起来，看起来更像是团子。看着清汤寡水的几个汤团，想想以前富足的生活，两人掩面大哭。痛定思痛之后，夫妻俩决定痛改前非，勤奋劳作，后来终于逐渐地摆脱了贫困。为了教育后人，养成勤劳节约的好品德，每到腊月二十四小年夜这天，北乡人就和自己的孩子一起吃汤团，这也成了当地的风俗。

后来到了宋朝，龙游商帮崛起，当年男子出门经商，十分艰辛，老少在家，都是爱和牵挂的人，出门经商的男子每每要在寒冬赶回家过年。小年夜里，家里的妇人就会用上等的糯米磨浆制粉，捏成酒盅状，放入冬笋、两头乌猪肉等当季最新鲜的食材做成汤团，迎接远方回来的男人。汤团也就有了阖家团圆的象征意义。

　　龙游汤团和小巧玲珑、甜蜜细腻的传统江南汤圆有着本质的差别。龙游汤团的个头比乒乓球还大，外形是尖头圆肚子，还带有一个小尾巴，像极了水滴，颇有几分"嘈嘈切切错杂弹、大珠小珠落玉盘"的神韵，因起源地在龙游北乡，俗称北乡汤团。

味道里的龙游

龙游米糊

龙游米糊的形成大概是在明朝年间。浙江人平日里喜好吃汤圆，这一日，龙游大丝绸商李汝衡正在家吃着汤圆，刚吃到一半，商帮的几个商人赶巧运货回来，可家里的汤圆馅料没有了，李汝衡急忙让厨师想办法，给弄点好吃的。

听了庄主的要求，厨师也很犯难，思索良久突来灵感，把剩下的米粉兑成米浆，迅速在锅壁上方一圈圈浇下去，米浆受热瞬间粘在乌黑的锅面上，犹如一层雪白的薄纸，直到整个锅面上铺上一层白白的米浆。随即盖上锅盖，稍微捂上一会，再一下下把黏附在锅面上的米浆铲进煮开的清水里，接着放入一把做汤圆剩下的碎肉和青菜，经过细致调味后盛入大瓷碗中，端出来给客人食用。没想到客人们吃得津津有味，赞不绝口。后来这种做法就传了出去，大家纷纷效仿，渐渐地就在当地民间流传开来，最终成为一款地道的、深受大家喜爱的民间风味小吃。

也有一说是米糊来自农村百姓之手。到了立夏前后，农村进入农忙季节，农人为了赶节气、省时间，出工时提前将半菜半饭的米糊做好后带到田间，等中午吃饭的时候直接食用。不过，不管米糊究竟是如何才有的，它能够延续至今就说明了其有着不可替代的美食地位。

龙游馄饨

明朝年间，湖镇街上有一家没落土豪，家有一女唤巧儿，嫁入一普通百姓家。巧儿名字里虽有个"巧"字，可人并不心灵手巧，肩不能挑，背不能扛，手不能挎篮，不免自惭形秽。相反，婆家却觉得自己讨了个大家闺秀，是祖上积的无上荣光，常常四处炫耀。

有一日，家中有客来访，公公觉得自家儿媳乃是大家闺秀，一定见多识广，便拍胸脯说："今天让儿媳给你做好吃的。"巧儿一听，险些跌倒，暗想：在娘家好吃的倒是吃过不少，也曾在娘家看过做吃的，可自己从来没有做过，能做出什么好吃的呢？又寻思着：舒服莫过于睡觉，好吃莫过于水饺，那就包饺子好了，于是便硬着头皮边回忆边做起来。揉粉、剁馅、擀皮，可在饺子封口的时候，怎么捏也封不起来，不是前边裂开，就是后边漏馅了，折腾了老半天还是捏不好。眼看就到吃饭时间了，情急之下，巧儿干脆一不做二不休，饺子也不捏了，皮子馅料一把抓，一个一把，很快就做好了。水烧开后，巧儿把"饺子"都下了锅，锅盖打开后发现"饺子"被煮得像盛开了的花朵，一个个张开了小嘴。婆婆看着这饺子不是饺子、疙瘩不像疙瘩的东西，偷偷地问儿媳："闺女，你做的这是什么呀？"儿媳也正为这锅破"饺子"感到羞愧，喃喃地回答说："我也不知道怎么会煮成一锅混沌的。"婆婆耳背，听儿媳说这一锅是"馄饨"，便盛给客人吃，客人顿觉清香四溢，鲜美无比，吃着甚是有味，忙问："此为何物，竟能如此开胃？"婆婆听了客人的夸赞，忙

自豪地说："这是我儿媳从娘家带来的手艺，平时很难吃到，告诉你，这叫馄饨。"

　　从此，馄饨开始慢慢地在湖镇传播开来。这种新的美食，渐渐地走进了人们的生活，后来经过改良，被一代一代地传承了下来。

龙游手拍面

　　手拍面外形粗犷朴实，采用古老的制作方法制作而成，充满原始的麦香味，筋道十足，是龙游民间最传统的小吃，几乎每家每户都会做。

　　灵山江是龙游重要的河流，河水清澈甘甜，河流蜿蜒婀娜，宛如一个文静秀气的少女般美丽动人。她不仅孕育了灿烂的龙游文化，也留下了无数美丽动人的故事。手拍面便与灵山江有关。

　　很久以前灵山江里出了个乌龟精，经常出来祸害百姓。每到雨季，他便借着河水泛滥，淹没农田、毁坏房屋，使得百姓们苦不堪言。为除掉这乌龟精，县官张贴告示、重金悬赏各方勇士前来为民除害。重赏之下必有

勇夫。官潭有一年轻后生——虎子挺身而出，揭了告示，孤身前往灵山江。守候多日之后，总算遇见了乌龟精，他俩连战数日，直斗得难解难分。虎子从溪口一路追杀乌龟精到墈头村附近，激战中双方遍体鳞伤，彼此都疲惫不堪。狡猾的乌龟精一见形势不妙，自己不占丝毫上风，连忙偷偷上岸，准备逃入山中躲避。没想到虎子早已洞晓了它的想法，等它刚一上岸，就被埋伏在前面的虎子当头连射数箭，乌龟精七窍流血而死。乌龟精死后幻化成了一座小山，就是现在墈头村的乌龟山。但是虎子也因为失血过多，失足落水，被滔滔江水冲走了，这天正是虎子二十岁的生日。后来，两岸的百姓找到了虎子的尸体，把他葬在了官潭的山上，也就是现在的虎山。

　　百姓们为了感谢舍己为人的虎子，在每年麦子收割之后，家家户户都会亲手用新磨的面粉，掰扯上一碗长长的面条来祭祀他。天长日久，手拍面就这样产生并流传了下来，成了当地最常见的小吃。

龙游豆腐丸子

传说清朝同治十三年（1874年），清朝第十位皇帝同治皇帝驾崩后，清廷传令在同治皇帝治丧期间全国"禁屠"，禁止宰杀猪牛羊鸡鸭等牲畜家禽，无论官民一律不准吃荤。"禁屠"令一出，可苦了百姓，只能吃起了素菜，豆腐当然就成了人们佐餐的首选菜肴，豆腐作坊的生意很快变得兴隆起来。

此时，长期居住在龙游以做豆腐为生的徽商徐老五及其夫人"叶二娘"见了，看准了这是个扩大经营规模的好时机。他们想到，既然官府不准百姓吃肉和肉圆子，为什么不用豆腐来替代猪肉，将豆腐做成丸子销售？心念一起就马上动手开始制作，一开始还老老实实地只做一个个纯豆腐丸子，因为口感单一而销量不佳，后来为了增加口感，他们就在里面偷偷地放上了少量的菜和肉馅，这样做出来的豆腐丸子每天都供不应求，一做好就被一抢而空。

"禁屠"令过后，他们干脆直接把鲜肉糜裹在雪白的豆腐泥中间，再佐上香料、葱花等调料，豆腐丸子也就更显得小巧精致了。这小小的豆腐丸子一经面世，即刻受到龙游人的追捧和喜爱。老徐家的生意也是越做越红火，甚至还把店铺开到了衢州、金华等地。豆腐丸子也随之成了一道远近闻名的小吃。

龙游饭粿

龙游饭粿最早出现在南宋光宗绍熙年间。据说当时有个龙游大商贩朱世荣善于经营，是当时浙西首屈一指、富甲一方的大户人家。巧的是当时的丞相正是龙游人余端礼，朱老板通过关系拜在余端礼的门下，有当朝丞相的照顾，朱老板在临安的生意做得相当红火。

有了钱之后，朱老板就在龙游、衢州一带大量购置田产。据传，当时朱家的田产出了龙游城南门，一直延伸到今天的遂昌县，大半个龙游县都是朱家的，良田就有几千亩之多。家大业大，人口自然就多，每天在家干活的、打杂的就有上百号人，每天消耗的粮食也就需要几百斤。厨师徐有才每天负责整个家里人的吃喝，最让徐师傅感到头疼的不是每天跑几十里地买菜的辛苦，而是每天米饭的供应量难以把握。每天不是做多了，就是不够吃，冬天剩余的米饭还便于保存，可到了夏天，剩余的米饭就不好处

理了。一旦头天有多余的米饭剩下来，到第二天就都馊掉了。为了不浪费，徐师傅也想了不少办法：放通风的地方降低温度、用来酿酒……可都不太成功。黔驴技穷的徐师傅实在是没辙了。

一次偶然给长工送饭时，听见几个长工闲聊说起吃糍粑的事，没吃过糍粑的人一个劲地追问糍粑的做法，吃过糍粑的人也就详细地说着一道道的制作工序。这糍粑的做法使他忽然脑洞大开。于是当天晚上他就把剩余的米饭捣碎，像糍粑一样一个个地捏成小小的饭团。等到第二天早上，放些菜一起烧煮，烧成半汤半菜的模样供早上出工的人食用。这样一加工，原本平淡无奇的白米饭，变成了一碗碗色彩诱人的饭粿汤，这种饭粿吃起来非常有嚼劲，弹性非常好，口味又像年糕，又像糍粑，吃过的长工无不交口称赞。由于简单易做，饭粿渐渐地就在溪口一带流传开了，还成了招待客人的一道独特的传统美食。如今在溪口、遂昌等地，家家户户都能做一碗口味独特、风味浓郁的龙游饭粿。

志棠白莲

悠久的种莲历史，孕育了古老的民间文化和众多的人文景观。在浙江的莲花传说中，最有影响的当属乾隆下江南"游龙戏凤"的故事了。

相传清乾隆年间，乾隆皇帝微服私访下江南。一日沿钱塘江逆流而上来到龙游，在街头小巷品尝莲子羹。只见碗中水晶一般透亮的莲子羹白里透红，红枣、枸杞子点缀如画。一股清香扑面而来，乾隆顿时胃口大开，一番品尝之下，对莲子羹中入口即化的莲子大为赞赏。当即询问店主莲子出自何方，店主如实相告，此乃北乡田莲，现正是赏花采莲之时。次日，乾隆来到志棠，一路上，成片成片的莲塘里，碧绿莲叶间点缀着朵朵粉红色的荷花，微风拂过，亭亭玉立的荷花翩翩起舞，鲜艳夺目。荷花姿容秀丽，乾隆看得兴起，不时把它们誉为沐浴而出的真妃、凌波挺立的佳人、淡妆浓抹的宫女。正当乾隆陶醉在万绿丛中时，远处传来清脆动听的歌声："芍药争春耀彩霞，芙蓉秋尽却荣华。有色有香兼有实，百花都不似莲花。"美妙的歌声立刻吸引了这位风流倜傥的皇帝，只见一群天真烂漫的少女，正在莲塘中采莲，为首的正在唱歌的叫荷花，长得伶俐标致，像出水芙蓉一般娇艳欲滴，乾隆皇帝看得目不转睛，着实呆了一会儿。乾隆对荷花一见钟情，在莲乡流连半月有余，留下了"游龙戏凤"的佳话。回宫后，乾隆念念不忘北乡莲子羹，于是下旨龙游知县进贡北乡田莲，志棠白莲从此名扬京城。

庙下米酒

庙下米酒的成名，始于一次巧遇。据说明末清初有一年轻的挑"松阳担"（指挑夫）者喝了庙下酒，挑担夜行百里而不知疲倦。因庙下处于龙南古道中，遂昌县应村乡、金竹乡、湖山乡一带的屏纸靠挑夫运至衢州，挑夫到达衢州后，又挑回纸槽所需的石灰。一般衢州至庙下正好挑一日，庙下至遂昌的应村、金竹、湖山等地又需一日，庙下成为途中的过夜点。从庙下至衢州道路相对平坦，而从庙下至遂昌山路崎岖。某日一挑松阳担的遂昌金竹人自衢州挑石灰返回庙下，喝下两碗米酒吃好饭食正准备歇脚过夜，一位从金竹来的老乡告诉他，其父背焙笼柴摔伤，情况危急，要他

味道里的龙游

趁早赶回。挑夫一惊，凭几分酒兴立即穿起草鞋，趁着月光挑起石灰担就往家里赶，过陈村，经八角殿、长生桥直至毛连里，翻过南坑岭山坳高坪、金竹而去。同伴们发现后，觉得不妙，也挑了担子一路追去，可是一直未追上。挑一担石灰百余斤，行百里山路，第二天清晨平安到家，人们都觉得奇怪。每当提起此事时，他总说喝了两碗庙下糯米酒，感到走路脚步特别轻，挑担也不觉得费力。此后凡挑松阳担者，至灵山肚子饿了，便买两块豆腐当点心，到了庙下便喝酒借以驱除疲劳，"灵山豆腐庙下酒"成了他们的口头禅。

　　还有一说，某年庙下乡杆栏自然村有一农户请义乌攒蓑衣的师傅，农家都有让手艺师傅先吃晚饭的规矩，东家外出劳作未回，东家姆弄一把很小的酒壶，大概装满只有半斤酒，弄个小酒杯放桌子上，叫师傅先吃晚饭，攒蓑衣师傅比较年轻，涉世不深，拿起酒壶倒酒，觉得这东家实在太小气了，这么一个小酒壶，也舍不得装满，三下五除二将壶中之酒喝个精光。东家收工回家，准备吃晚饭，提起小酒壶见里面空的，连忙问老婆打了多少酒，老婆说一壶未满。"糟了，"东家边说边赶了出去，一直赶到村口，见攒蓑衣师傅跌坐在石阶上已经睡着了，怎么叫也叫不醒，只好将其背回家中，小师傅直到第二天傍晚才醒来。这就是那经过几次酿制的酒沤酒，喝时没感觉，醉似蒙汗药。

龙游三头一掌

　　南宋时期，京城临安盛行吃炖菜，尤其喜食炖鸡、炖鸭。临安最火爆的逍遥酒楼每天炖几十只鸭子，而鸭头和鸭掌却不怎么招人待见。

　　龙游灵山的方郎中紧挨着酒楼巷子开了一家中药铺，平日里替人把脉抓药，勉强糊口度日。方郎中的媳妇节俭贤惠，帮酒楼打打杂，经常捡些鸭头、鸭掌、鸡肠等下脚料回家做着吃，只是吃多了觉得腥臊味太重。方郎中灵机一动，就从药匣子里取出几枚草果、八角、豆蔻等一些健胃祛腥的药材，让老婆放进卤味里煮。这一无意之举，却使得卤味变得香味四溢、鲜美无比。后来为避战乱，郎中举家回到了龙游，闲暇无事之时回想起临安的美味，又去市场寻买了些鸭头、鸭掌，再加上几味提香、调鲜的中草药材与龙游当地各色辣椒一起卤着吃，这醉人的香味引得邻里竞相购买。后来大家纷纷效仿，使得方郎中的草药铺生意大好。他也乐于与街坊邻居分享，不仅把食谱公开，还让媳妇手把手传授大家制作方法。

　　后来，又有人在卤味汤料里加入兔头，久而久之，兔头、鸭头、鸭掌成了火爆当地的"卤味三绝"，加上龙游人爱吃辣，鱼头也往往用剁椒红烧着吃，龙游民间独特的风味美食"三头一掌"就形成了。这"三头一掌"让南来北往的食客吃得酣畅淋漓、欲罢不能，其中卤兔头还被评为了"浙江十大名小吃"之一。

味道里的龙游

龙游千层糕

千层糕，因米经过着碱处理，所以成品颜色微黄，又因层层叠叠多层而得名。以前每年农历七月十五，新谷登场，为庆贺新谷丰收，龙游家家户户都要制作"千层糕"，祭祀"五谷神"。千层糕香糯可口，柔韧清香，碱味独特，老少皆宜。

相传，千层糕出现于明朝初年。明朝初年，经过连年战乱，百姓流离失散，常常连饭都吃不上。加上安徽遭受旱灾，很多百姓不得不靠要饭为生。朱元璋知道后，微服出访安徽、浙江一带。一路走来，一片荒凉，沿街乞讨者随处可见。朱元璋见家乡父老如此穷苦，内心惭愧，暗下决心定要治理好天下，让家乡父老都能吃饱饭。

这日，他和随从过了严州府来到了龙游地界，想起当年打天下时曾兵败龙游，被对方堵截在梅岭关一带，回想起当时的窘境感慨万千。不知不

　　觉已是正午时分，他们来到了龙游横山村附近，由于天气炎热，朱元璋一不小心中了暑气，感觉浑身乏力，茶饭不思，随从赶紧扶朱元璋走进路边一农户家坐下。农户正在做米糕，但见水米磨粉水浆似龙涎，米浆蒸糕一层更比一层高，朱元璋看着挺好奇的，尝了尝新蒸的米糕，感觉口味独特，柔韧有劲，米粉清香诱人，甜味柔软绵长，顿觉浑身是劲。于是龙心大悦，边吃边赞道："米浆蒸糕层层高，祝福大明千层高！"百姓因此把它叫作千层糕，千层糕的制作也从此流传开来了。历代帝王又以九五为尊，所以民间流行将千层糕做成九层高，寓意至高无上，年年丰衣足食。

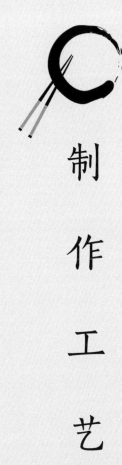

制作工艺

龙游发糕

♨ 原料

普通大米、糯米、米酒酒糟、红糖、白糖、肥肉。

♨ 做法

1. 大米浸泡三天，糯米浸泡一天，清洗后磨粉，比例为8∶2。
2. 将米粉和米酒酒糟、红糖、白糖、肥肉搅拌均匀。
3. 装笼后拖酵。
4. 拖酵后用大火炊熟。

♨ 特点

成品色泽洁白如玉、孔细似针眼，闻之鲜香扑鼻，食之甜而不腻、糯而不粘，堪称江南一绝。

龙游葱花馒头

⛎ 原料

馒头、夹心肉、肥肉、茭白、白萝卜、毛笋干、小葱、辣椒片、美味鲜、麻辣鲜、盐、味精、鸡精。

⛎ 做法

1. 将肥肉熬成油，依次放入夹心肉、毛笋干、茭白及其他配料翻炒，调好味道。

2. 把淡馒头加热后取出，夹入炒好的馅料。

3. 把夹好的馒头放入蒸笼内，蒸热，将馅料的味道融入馒头中即可食用。

⛎ 特点

酵孔细腻、白细如雪，面有银光、皮薄如纸，吃口松爽滋润、富有咬劲、绝不粘牙，精美可口，极易消化。

味道里的龙游

龙游肉圆

♨ 原料

芋艿、薯粉、白萝卜丁、鲜酱油、猪油、猪肉、酒糟、姜末、白糖、盐、辣椒粉。

♨ 做法

1. 将芋艿蒸熟后去皮捣烂。
2. 把红薯粉碾细后拌入芋艿泥中。
3. 把猪肉、调料等拌入芋艿泥中。
4. 将拌均匀的芋艿泥做成鸡蛋大小的圆子，整齐地放入小蒸笼蒸熟。

♨ 特点

糯香滑口、鲜美柔韧。

225

龙游清明粿

⋓ 原料

酱粿 米粉、五花肉、熟猪油、净笋肉、青蒜叶、豆瓣酱、酱黄辣酱、白糖、冷开水。

菜粿 米粉、夹心肉、肥肉、净笋肉、咸菜、白豆腐干、青蒜叶、艾蒿粉。

甜粿 米粉、豆粉、黑芝麻粉、土红糖、熟猪油、熟菜油、艾蒿粉。

⋓ 做法

1. 大米浸泡七天（气温25°以下），糯米浸泡一天，清水冲洗后磨粉。

2. 米粉和糯米粉比例8：2，用水搅拌均匀后做成直径15厘米、厚度1厘米大小的粉饼。

3. 锅内放水烧开，放入粉饼煮或用蒸锅蒸透。

4. 把蒸（煮）好的粉饼放在案板上，加入艾蒿粉、米粉，揉压成粉团。

5. 将粉团搓成条状，摘成剂子，包入馅料，蒸熟即可。

⋓ 特点

清明粿柔韧筋道、馅料鲜美，艾蒿味清香淡雅，久食不厌。

龙游油煎粿

 原料

面粉、水、萝卜丝、咸菜、老豆腐、辣椒末、葱花、食用油、盐、鸡精、味精。

 做法

1. 把萝卜丝切好取辛辣，放咸菜、豆腐调味炒熟。

2. 面粉加水、食用盐，搅拌均匀成薄糊状。

3. 铁锅内放油烧热，放入模具加热，在模具中注满面糊放锅内加热，受热两分钟取出，倒出模具内面糊，在模具内装满菜后盖上面糊。

4. 把模具再次放入油锅内炸五至六分钟后，把模具内的油煎粿倒出，在油锅中继续炸至表面金黄，捞出装盘。

 特点

色泽金黄，形若寺院中的"蒲墩"，香气扑鼻，表皮香脆，香糯柔软。

龙游烂塌馃

♨ 原料

面粉、水、盐、咸菜、肥肉、五花肉、笋肉、老豆腐、辣椒面。

♨ 做法

1. 将面粉按照比例倒入清水中，加入食盐搅拌成面团，然后醒面。
2. 用肥肉熬油，加入猪肉及其他配料炒香后调味出锅。
3. 把醒好的面分成一块块小面团，将小面团摊开，放入馅料包裹好。
4. 平底锅烧热，放入菜油，将馃放进锅内煎熟。

♨ 特点

色泽金黄、外脆里软、香酥可口、鲜美怡人。

味道里的龙游

龙游猪肠

☰ 原料

净猪肠、糯米、老抽、美味鲜、盐、味精、鸡精、水、辣椒粉、五香粉、猪油、八角、桂皮、香叶、草果、白糖、棉线。

☰ 做法

1. 选择肠壁肥厚的健康猪肠。

2. 将肥肠放入大盆内从头至尾捋一遍，去除肠内肥油。

3. 肥油处理结束后在肥肠上撒上盐，然后把黏液搓洗干净。

4. 糯米放在篾箩筐内，清洗干净。

5. 将洗净的糯米放入不锈钢盆内，将老抽、美味鲜、盐、味精、辣椒粉、五香粉、猪油、水等兑好并将其拌均匀。

6. 将整理好的大肠取出，将米或粉均匀地灌进肥肠内。每150克左右糯米做成一段，用棉线把大肠头捆扎好。

7. 锅内水烧开，将猪肠放在开水内焯水，去除异味，固定肥肠形状。

8. 将完好的肥肠放入锅内烧煮，直至肥肠外观饱满，里面糯米熟透。

9. 锅内加入冷水，放入八角、桂皮、香叶、草果、美味鲜、老抽、盐、白糖、鸡精、味精等调料，然后放入煮熟的大肠卤煮上色即可。

龙游芋头粽

♨ 原料

　　猪肉、老抽、生抽、味精、鸡精、糖、酱黄辣酱、盐、辣椒粉、二锅头、芋头、豆瓣辣酱、糯米、油。

♨ 做法

　　1. 糯米清洗干净，控干水，拌入调味料。

　　2. 猪肉切成条，放入调味料腌渍一小时。

　　3. 粽叶清洗干净，剪掉两头。

　　4. 芋头切小条，放太阳下晒一小时，拌入调味料。

　　5. 用粽叶包裹成粽子。

　　6. 将粽子放入锅内，加入清水煮熟即可。

♨ 特点

　　辣味浓烈、鲜美无比、糯滑柔韧、香气逼人。

龙游北乡汤团

🔥 原料

　　糯米粉、水、五花肉、笋肉、豆腐干、鲜香菇、青蒜叶、辣椒粉、一品鲜酱油、盐、白糖、味精、鸡精。

🔥 做法

1. 五花肉切成小丁，其他蔬菜也切成中等大小的丁。
2. 锅内放肥肉熬油，下入猪肉等配料，煸炒出香味后调味。
3. 糯米粉加水揉压成团，搓成小粉团做成窝子，放入馅料后收口。
4. 锅内水烧开，下入汤团，烧八分钟捞出。
5. 碗内放猪肉、一品鲜酱油、味精、鸡精、青蒜叶、盐、辣椒粉、白糖等调味，放入汤团即可。

🔥 特点

　　柔软爽滑、香味诱人、柔韧筋道、咸鲜适口。

龙游米糊

☺ 原料

　　大米、水、肉丝、榨菜丝、鲜酱油、老抽、盐、味精、鸡精、葱姜。

☺ 做法

　　1. 将大米洗净用清水浸泡一夜，然后捞出沥干。

　　2. 大米与水按比例2∶3进行研磨。

　　3. 选择优质的夹心肉，将肉切成米粒粗细的丝，在肉丝中加少许料酒、盐、鲜酱油、姜葱水捏均匀。

　　4. 锅内加适量水烧开，用肥膘油在锅子四周抹一下，将混合均匀的米浆，顺着刷过猪油的锅沿慢慢淋下米浆，然后盖上锅盖烧开。

　　5. 烧开后加点水再煮开，用铲子把米糊全部铲入到炒好浇头的汤里面，调好味道，加盖烧煮。

　　6. 打开盖子，用铲子轻轻推几下，防止结底，烧开后起锅撒上葱花。

龙游馄饨

♨ 原料

面粉、淀粉、盐、食用碱、肉末、榨菜、紫菜、味精、鸡精、料酒、猪油、香菜。

♨ 做法

1. 面粉、盐、食用碱、清水，搅拌入面粉中。

2. 将面粉揉和均匀，把面粉揉到"三光"（盆光、面光、手光）。

3. 将粉袋内加满淀粉或红薯淀粉后扎紧袋口，之后代替面粉使用。使用淀粉的好处是馄饨皮可以随意擀到所需的厚度。

4. 在揉好后的面粉两面都拍一层淀粉，拍粉要勤。

5. 用擀面杖慢慢擀开，边擀边卷，均匀用力地往前推，擀的过程一定要勤拍粉。面皮卷完一次就放开，换一个方向又重新卷，如此反复几次把面皮擀到自己想要的厚薄度。

6. 面皮擀好之后全部摊开，然后切成四方块。

7. 鲜肉去除瘦肉中的筋，清洗干净，用木槌轻轻地砸，砸成肉泥后放入盆中，放入调料拌上劲，放冰箱中冷藏半小时就可以包馄饨了。

8. 锅内烧开水，放入馄饨，浮起来后捞出，放入有熟猪油、榨菜、紫菜、盐、味精、鸡精、香菜的碗内，然后冲入煮馄饨的汤水。

龙游饭粿

 原料

大米、瘦肉、肥肉、排骨、蘑菇、鲜笋肉、青菜。

 做法

1. 大米浸泡几个小时，做成米饭。

2. 排骨、鲜笋洗净后放压力锅内煮汤。

3. 米饭倒入石臼内敲打成糍粑状。

4. 把米团搓揉成小饭粿。

5. 铁锅内放入肥肉熬出油，放入猪肉及其他蔬菜炒香，倒入排骨汤，下饭粿，然后调味。

 特点

小巧玲珑、洁白可爱，富有嚼劲、鲜美无比。

龙游冻米糖

♨ 原料

糯米、茶油、水、白糖、饴糖、芝麻、花生。

♨ 做法

1. 制冻米。取适量糯米洗净、蒸熟，将蒸熟的糯米摊开冷却一两天，选天气好、太阳大的日子晒上五六天。

2. 炸（炒）冻米。以前，人们因为油比较贵重，就用沙子炒熟冻米。现在一般用油炸，下锅就起，速度快。

3. 熬糖油。将适量的水、白糖、饴糖（由麦芽糖和大米煎成）倒入锅中熬，不断搅拌，直到拉芡成丝。熬糖油比较有讲究，最好不老不嫩。

4. 拌冻米。取适量炒好的冻米、芝麻、花生、糖油搅拌均匀即可。

5. 压冻米糖。将拌好的冻米置于长方形的模具中铺平，压实压平即可。

6. 切片。将压好成型的冻米糖切成一小块一小块，待冻米糖冷却定型后即可食用或储藏。

制作工艺

龙游麻糍

☵ 原料

糯米、炒熟黑芝麻、炒熟的黄豆粉、红糖。

☵ 做法

1. 糯米浸泡五小时左右，把浸好的糯米放在蒸笼内蒸熟。

2. 石臼用凉开水清洗干净，把糯米饭倒入石臼中；将木槌放凉开水中打湿，然后打麻糍团。

3. 戴上手套，把麻糍团揪成一块块麻糍，放进芝麻、黄豆粉、红糖中均匀地滚一遍，然后装盘。

☵ 特点

醇香可口、韧劲十足。

味道里的龙游

龙游老面包子

♨ 原料

面粉、酵母、水、瘦肉、肥肉、脱水萝卜、老抽、美味鲜酱油、姜汁、骨头汤、猪皮冻、鸡精、味精、蚝油、生粉、糖、盐、酵母、黄酒、香油、葱。

♨ 做法

1. 制作老面，将面粉、干酵母、水，在容器内搅均，静置发酵十小时。

2. 在老面中加入水稀释，加面粉搅拌均匀，揉压成面团，静置发酵两小时。

3. 将调料和肉搅拌均匀，然后加骨头汤，分两次加入，搅拌上劲后放冰箱内冷冻两小时。

4. 把面团搓成圆条形，然后摘成剂子，放入馅料掂成花。

5. 包子上蒸笼后，等蒸汽上来蒸九分钟即可。

♨ 特点

质地细腻、香醇可口，韧性强劲、嚼劲十足。

图书在版编目(CIP)数据

味道里的龙游 / 龙游县政协教科卫体和文化文史学习委员会编 . —杭州：浙江文艺出版社，2019.12

ISBN 978-7-5339-5905-0

Ⅰ.①味… Ⅱ.①龙… Ⅲ.①饮食—文化—龙游县 Ⅳ.①TS971.202.554

中国版本图书馆 CIP 数据核字（2019）第 217779 号

责任编辑　张小苹
装帧设计　吴　瑕
责任印制　张丽敏

味道里的龙游

龙游县政协教科卫体和文化文史学习委员会 编

出版　浙江文艺出版社
地址　杭州市体育场路 347 号
邮编　310006
网址　www.zjwycbs.cn
经销　浙江省新华书店集团有限公司
制版　杭州天一图文制作有限公司
印刷　浙江新华数码印务有限公司
开本　710 毫米×1000 毫米　1/16
字数　242 千字
印张　15.75
插页　4
版次　2019 年 12 月第 1 版
印次　2019 年 12 月第 1 次印刷
书号　ISBN 978-7-5339-5905-0
定价　68.00 元